FLORE DE LA

NOUVELLE-CALÉDONIE

PUBLIÉE SOUS LA DIRECTION DE

Ph. MORAT
Professeur au Muséum

OUVRAGE SUBVENTIONNÉ PAR
LE MUSÉUM NATIONAL D'HISTOIRE NATURELLE,
LE TERRITOIRE ET LES PROVINCES DE LA NOUVELLE-CALÉDONIE

20

CELASTRACEAE
I.H. MÜLLER

LORANTHACEAE
VISCACEAE
B.A. BARLOW

ALSEUOSMIACEAE
C. TIREL & J. JÉRÉMIE

PARACRYPHIACEAE
J. JÉRÉMIE

TILIACEAE
C. TIREL

ISBN 2-85654-203-4

MUSÉUM NATIONAL D'HISTOIRE NATURELLE

Laboratoire de Phanérogamie
16, rue Buffon, 75005 Paris

1996

SOMMAIRE

NOUVEAUTÉS TAXONOMIQUES ET NOMENCLATURALES

Cassine brachycremastra (GUILLAUMIN) I.H. MÜLLER, *comb. nov.*
Cassine bupleuroides (GUILLAUMIN) I.H. MÜLLER, *comb. nov.*
Cassine parvifolia I.H. MÜLLER, *sp. nov.*
Cassine pininsularis (HÜRL.) I.H. MÜLLER, *comb. nov.*
Cassine pininsularis subsp. *poyaensis* I.H. MÜLLER, *subsp. nov.*
Maytenus fournieri subsp. *drakeana* (LOES.) I.H. MÜLLER, *comb. et stat. nov.*
Menepetalum schlechteri subsp. *crassiusculum* I.H. MÜLLER, *subsp. nov.*
Salaciopsis longistyla I.H. MÜLLER, *sp. nov.*
Salaciopsis tiwakae I.H. MÜLLER, *sp. nov.*

MATÉRIEL CITÉ

Dans la liste du matériel étudié, tous les échantillons sont conservés dans l'herbier du Muséum national d'Histoire naturelle de Paris (P), à l'exception de ceux pour lesquels le code des herbiers de dépôt est indiqué.

ABRÉVIATIONS

- Les auteurs d'après AUTHORS OF PLANT NAMES, BRUMMITT & POWELL.
- Les périodiques d'après BOTANICO-PERIODICUM-HUNTIANUM.
- Les ouvrages d'après TAXONOMIC LITERATURE, STAFLEU & COWAN.

Rédaction et Traduction : C. TIREL.
Illustration : J.-F. DEJOUANNET, B. STEINER-GAFNER, D. STOREZ, K.R. THIELE.
Secrétariat général : A. LE THOMAS.

Ce travail a été effectué dans le cadre du programme pluriformations « Biodiversité terrestre en Nouvelle-Calédonie ».

CELASTRACEAE

par

Iris H. MÜLLER*

7 genres, 20 espèces dont 17 endémiques

R. Br., *in* Flinders, Voy. Terra Austr. **2** : 554 (1814), « *Celastrineae* » ; Benth. & Hook. f., Gen. Pl. **1** : 357 (1862), « *Celastrineae* » excl. *Hippocrateae* ; Benth., Fl. Austral., **1** : 397 (1863), « *Celastrineae* » excl. *Hippocrateae* ; Lawson *in* Hook. f., Fl. Brit. India, **1** : 606 (1875) « *Celastrineae* », excl. *Hippocrateae* ; Baill., Hist. Pl., **6** : 1 (1877), *Evonymeae tantum* ; Kuntze, Rev. Gen. Pl. **1** :113 (1891) ; Loes., Bot. Jahrb. Syst. **39** : 158 (1906) ; Nat. Pflanzenfam., ed. 2, **20b** : 87 (1942) ; Guillaumin, Fl. Anal. Synopt. Nouv.-Caléd. : 193 (1948) ; Hutch., Fam. Fl. Pl., ed. 3 : 400 (1973) ; Cronquist, Integr. Syst. Classif. Fl. Pl. : 712 (1981) ; Jessup, Fl. Australia, **22** : 150 (1984) ; Wagner, Herbst & Sohmer, Fl. Pl. Hawaii, **1** : 530 (1991).

Arbrisseaux, arbres ou lianes ; épines [présentes ou]** absentes. *Feuilles* simples, alternes, opposées ou sub-verticillées, parfois groupées au sommet des rameaux, à marges souvent crénelées, plus rarement entières ; stipules petites, simples ou laciniées, caduques ou absentes.

Inflorescences en cymes, racèmes ou panicules, parfois fleurs solitaires ou groupées en fascicules, axillaires et/ou terminales, parfois portées par des rameaux défeuillés, généralement bractéolées. Fleurs généralement petites, actinomorphes, bi- ou unisexuées (en ce cas, plantes généralement dioïques, parfois polygames). Sépales 4 ou 5, imbriqués, rarement valvaires, généralement persistants. Pétales 4 ou 5, libres ou rarement soudés à la base, imbriqués, contortés, rarement valvaires, caducs, parfois persistants. Étamines 4 ou 5, parfois plus, alternipétales ; filets insérés sur ou au-dessous et hors du disque, réduits ou nuls chez les fleurs ♀ ; anthères le plus souvent à 2 loges, parfois divergentes, à déhis-

* Botanischer Garten und Institut für Systematische Botanik, Universität Zürich, Suisse.

L'auteur remercie Ph. Morat, Directeur du laboratoire de Phanérogamie, pour son aimable accueil et exprime sa gratitude à R.D. Hoogland, H.S. MacKee et C. Tirel pour l'aide précieuse qu'ils lui ont fournie. Ses remerciements s'adressent également aux membres du Centre ORSTOM de Nouméa et à tous les forestiers de la Direction du Développement rural des provinces Nord et Sud qui l'ont efficacement soutenue pour travailler sur le terrain.

** Les caractères entre crochets ne s'observent pas chez les espèces néo-calédoniennes.

cence introrse ou extrorse, basifixes, dorsifixes ou dorsi-basifixes. Disque de forme variable, patelli- ou cupuliforme ou plat, entier, anguleux ou lobé, annulaire, charnu ou membraneux. Ovaire 2-5-loculaire, rarement 1-loculaire par avortement de loges, supère, libre ou ± enfoncé dans le disque, portant ou non un style distinct, court ; stigmate simple ou lobé, terminal ou rarement latéral sur le fruit ; ovules le plus souvent 2, parfois 1 ou 3-18 par loge, anatropes, insérés dans l'angle intérieur, érigés à la base ou superposés.

Fruits : Drupes, baies, capsules ou fruits secs indéhiscents, loculicides. Graines parfois ailées ; arille absent ou présent, enveloppant partiellement ou totalement la graine ; albumen présent ou absent ; embryon dressé ; cotylédons plats, foliacés.

TYPE : *Celastrus* L.

La famille des Célastracées *s. str.* comprend environ 80 genres et 1000 espèces, la plupart se trouvant dans les régions tropicales et subtropicales ; elle est aussi représentée dans les régions tempérées.

LOESENER (1942) a divisé la famille en cinq sous-familles : *Campylostemonoideae*, *Celastroideae*, *Tripterygioideae*, *Cassinoideae* et *Goupioideae*. En Nouvelle-Calédonie, seules les *Celastroideae* et les *Cassinoideae* sont représentées ; les premières sont caractérisées par des fruits déhiscents (capsules), les secondes par des fruits indéhiscents (drupes, noix).

Les délimitations de la famille varient et il convient de citer L. CROIZAT (Lilloa **13** : 32, 1947) « their generic and specific limits are hazy as a rule, for accepted authorities themselves are not above reversing their former opinions on the validity of this or that genus or group of species ». Le groupe est très diversifié et, suivant les auteurs, les genres ont été séparés ou réunis. Cependant cette famille se reconnaît aisément, en particulier en Nouvelle-Calédonie où elle est bien homogène. Elle est très proche des Hippocratéacées, famille qui n'est représentée en Nouvelle-Calédonie que par le genre *Dicarpellum* (LOES.) A.C. Smith. Les Hippocratéacées se distinguent essentiellement par : la présence des 3 étamines insérées à l'intérieur du disque ; la déhiscence latérale, apicale ou extrorse (jamais introrse) des anthères ; l'absence d'albumen. Elles ont été incorporées aux Célastracées, en tant que sous-famille, par plusieurs auteurs s'appuyant sur : l'accumulation de dulcite, des pigments triterpènes quinoïdes et des polyisoprènes (HEGNAUER, Chemotax. Pfl., **8** : 222, 1989) ; certains caractères anatomiques (METCALFE & CHALK, Anat. Dicot., **1** : 387, 1950) ; la similarité des pollens (ERDTMAN, Pollen Morph. Pl. Tax. Angiosp. : 105 & 204, 1952 ; LOBREAU-CALLEN, Adansonia, ser. 2, **15** (2) : 215, 1975).

DISTRIBUTION. – Les espèces non-endémiques, *Pleurostylia opposita*, *Celastrus paniculatus* et *Cassine curtipendula* occupent, comme ailleurs, des zones littorales non serpentineuses. Les endémiques comme les espèces des genres *Menepetalum*, *Salaciopsis*, certains *Cassine*, *Maytenus*, *Peripterygia* se plaisent surtout sur terrain serpentineux, en forêt humide, mésophile ou en maquis, de basse et haute altitude.

Le disque nectarifère ± développé est bien accessible et attire différents insectes. Les graines de *Celastrus*, *Menepetalum*, *Maytenus* et *Salaciopsis*, avec leur arille charnu, voyant et coloré, sont probablement dispersées par les oiseaux. Celles de *Peripterygia*, ailées et disciformes, sont emportées par le vent. Les fruits drupacés de quelques espèces de *Cassine* à exocarpe charnu doivent être consommés par des oiseaux ; les informations manquent sur la dispersion des fruits à exocarpe mince et coriace.

ANATOMIE. – Certains caractères se sont révélés d'une valeur taxonomique appréciable : la structure du mésophylle, l'anatomie des nervures médianes, le type des stomates, la présence et le type des cristaux, sclérites et trachéides. Anatomiquement tous les genres sont bien définis et presque toutes les espèces (y compris les nouvelles : *Cassine parvifolia*, *Salaciopsis tiwakae* et *S. longistyla*) sont clairement délimitées. La conspécifité de plusieurs espèces s'est vérifiée, en particulier pour *Cassine brachycremastra* et *Maytenus fournieri*. En ce qui concerne les sous-espèces, seules celles qui ont été distinguées dans *Menepetalum schlechteri* présentent des différences anatomiques appréciables ; ceci pourrait s'expliquer par une séparation relativement récente des unités infraspécifiques au cours de l'évolution. Les résultats obtenus confortent les décisions prises pour délimiter les espèces.

PALYNOLOGIE. – Le pollen a été examiné par ERDTMAN (*l.c.* : 104, 1952) et par LOBREAU-CALLEN (Les pollens des Celastrales, Mém. Trav. Inst. Montpellier, EPHE, 3, 1977 ; Adansonia, ser. 2, **15**(2) : 215, 1975). Dans les espèces de Nouvelle-Calédonie, il est simple, tricolporé et isopolaire. L'endexine est le plus souvent réticulée ou rugulée (*Menepetalum* et *Pleurostylia*). Les dimensions suivantes (axe équatorial) ont été relevées : *Celastrus* 15 µm, *Cassine* 16-21 µm, *Maytenus* 16 µm, *Menepetalum* 15-20 µm, *Peripterygia* 20-21 µm, *Pleurostylia* 14,5-15 µm et *Salaciopsis* 14,5-19 µm.

USAGES. – Plusieurs espèces sont utilisées dans la médecine traditionnelle de différents pays (comme *Catha edulis* Forssk. qui donne la drogue « Khat »), mais nous n'avons pas d'informations en Nouvelle-Calédonie.

CLÉ DES GENRES

1. Lianes. Ovaire soudé au disque seulement à la base ; disque cupuliforme dans les fleurs ♀, de hauteur atteignant la moitié de l'ovaire .... 1. *Celastrus*
1'. Arbrisseaux ou arbres dressés. Ovaire libre ou enfoncé dans le disque ; disque étalé ou adjacent à l'ovaire.
  2. Fruits indéhiscents, drupes ou noix.
    3. Drupe à style terminal .... 2. *Cassine*
    3'. Noix à style latéral .... 3. *Pleurostylia*
  2'. Fruits déhiscents, capsules.
    4. Capsule triailée, s'ouvrant seulement dans le 1/4 supérieur ; graines plates, disciformes, à aile annulaire, exarillées. Stipules présentes .. 4. *Peripterygia*
    4'. Capsule non ailée, sub-sphérique ; graines ovoïdes, arillées. Stipules absentes.
      5. Feuilles opposées-décussées, à marge crénelée ou serretée .. 5. *Menepetalum*
      5'. Feuilles alternes et/ou subverticillées, à marge entière ou crénelée dans la partie supérieure.
        6. Fleurs unisexuées (plantes dioïques), solitaires et/ou fasciculées ; disque annulaire, non étalé dans les fleurs ♀, mais soudé à l'ovaire. .... 6. *Salaciopsis*
        6'. Fleurs bisexuées, en cymes ; disque étalé .... 7. *Maytenus*

1. CELASTRUS Linné

Sp. Pl. : 196 (1753) ; Gen. Pl., ed. 5 : 91 (1754) ; BENTH. & HOOK. f., Gen. Pl. **1** : 364 (1862) ; LAWSON *in* HOOK. f., Fl. Brit. India, **1** : 617 (1875) ; LOES., Bot. Jahrb. Syst. **39** : 159 (1906) ; Nat. Pflanzenfam., ed. 2, **20b** : 131 (1942) ; DING HOU, Ann. Missouri Bot. Gard. **42** : 227 (1955) ; Fl. Males., ser. 1., **6** : 233 (1962) ; JESSUP, Fl. Australia, **22** : 158 (1984).
– *Euonymoides* ISNARD ex MEDICUS, Philos. Bot. **1** : 173 (1789).
– *Semarilla* RAF., Sylva Tellur : 146 (1838).
– *Schieckea* KARSTEN, Bot. Zeitung **6** : 398 (1848).
– *Monocelastrus* WANG & TANG, Acta Phytotax. Sin. **1** : 36 (1951).

Arbrisseaux rampants ou lianes, pouvant atteindre 50 m ; rameaux ± cylindriques, généralement glabres, rarement pileux, à écorce lenticellée (sauf à l'état juvénile). *Feuilles* pétiolées, alternes, papyracées à coriaces, elliptiques à orbiculaires, à marges dentées, crénelées ou presque entières ; stipules petites, normalement fendues, caduques.

Inflorescences terminales et/ou axillaires, en grappes, panicules pyramidales ou en grappes de cymes étroites, pauci- à multiflores, à fleurs sessiles ou pédicellées. Fleurs bi- ou unisexuées (en ce cas plantes généralement dioïques), petites, verdâtres, à pédicelle articulé. Calice campanulé ; sépales 5, à préfloraison quinconciale ou valvaire. Pétales 5, à préfloraison quinconciale, oblongs à ovés. Étamines fertiles 5, insérées au bord ou juste au-dessous du bord du disque ; filets subulés ou rubanés, glabres ou papilleux ; anthères ovées ou oblongues-elliptiques, à base cordée, à sommet obtus ou acuminé, dorsifixes, versatiles, à loges séparées vers le bas sur 1/3-1/2, à déhiscence latrorse. Disque membraneux et cupuliforme ou charnu et plat, parfois en anneau étroit, entier ou à 5 lobes alternant avec les étamines. Ovaire libre ou soudé au disque seulement à la base, lagéniforme à sphérique, imparfaitement ou complètement triloculaire ; 1 ou 2 ovules anatropes par loge, insérés à la base de l'angle interne, sessiles ou à petit funicule, pourvus d'un arille cupuliforme dans partie inférieure ; style court, cylindrique ; stigmate généralement à 3 lobes, eux-mêmes nettement ou légèrement bifides. Fleurs ♂ : ovaire stérile, très petit, parfois cylindrique et à ovules atrophiés ; stigmate généralement non lobé. Fleurs ♀ : staminodes subsessiles, filets indistincts.

Fruits : capsules loculicides, sub-sphériques, rarement subcylindriques, à style persistant. Graines, 1 ou (le plus souvent) 2 par loge, dressées, enveloppées d'un arille orange à rouge, ± découpé et ouvert vers le haut, à testa coriace, ± distinctement aréolé ; à l'ouverture de la capsule, graines restant collées entre elles ; albumen blanchâtre, copieux, charnu ; embryon droit, à cotylédons minces et largement spatuliformes.

TYPE : *Celastrus scandens* L.

Ce genre, qui comprend environ 30 espèces, est répandu dans les zones tropicales à tempérées. Il est particulièrement abondant en Asie orientale, Malaisie et aux Iles Philippines ; on le trouve en Amérique du Nord, du Sud et en Amérique Centrale, en Australie, aux Fiji, en Nouvelle-Calédonie et à Madagascar.

Depuis la description de Linné, plusieurs centaines d'espèces ont été reconnues ou exclues du genre. La confusion a régné en ce qui concerne les limites de *Celastrus*, *Maytenus* et *Gymnosporia*. En 1955 DING HOU a tenté de mieux cerner ces genres et en a amélioré la définition ; il a cependant maintenu le genre *Gymnosporia*, considéré aujourd'hui comme synonyme de *Maytenus*. Il a divisé le genre *Celastrus* en deux sous-genres : *Celastrus* (plantes dioïques, fleurs généralement unisexuées, ovaire triloculaire, 2 ovules par loge) et *Racemocelastrus* (fleurs bisexuées, 1 ovule par loge).

En Nouvelle-Calédonie ce genre n'est représenté que par une espèce asiatique, *C. paniculatus* Willd. (subg. *Celastrus*).

Celastrus paniculatus Willdenow

Sp. Pl. **1** : 1125 (1797) ; DC., Prodr. **2** : 6 (1825) ; LAWSON *in* HOOK. f., Fl. Brit. India, **1** : 617 (1875) ; LOES., Bot. Jahrb. Syst. **39** : 160 (1906) ; Nat. Pflanzenfam., ed. 2, **20b** : 132 (1942) ; DING HOU, Ann. Missouri Bot. Gard. **42** : 229 (1955) ; Fl. Males., ser. 1, **6** : 235 (1962).

– *C. subspicatus* HOOK. f., Icon. **5**, *tab*. 482 (1842) ; DING HOU, *l.c.* : 236 (1955) ; LANDER & L.A.S. JOHNSON, Telopea **1** : 35 (1975) ; JESSUP, Fl. Australia, **22** : 158 (1984). – Type : *Anonyme s.n.*, cultivé à Kew, à partir de graines de provenance inconnue (holo-, K!).

– *C. australis* HARVEY & F. MUELL., Trans. Phil. Soc. Vict. **1** : 41 (1855) ; LOES., *l.c.* : 134 (1942) ; LANDER & L.A.S. JOHNSON, *l.c.* : 38 (1975) ; JESSUP, *l.c.* : 158 (1984). – Lectotype (désigné par LANDER & L.A.S. JOHNSON) : *F. Mueller 49330*, Snowy River, (MEL).

– *C. balansae* BAILL. ex GUILLAUMIN, Ann. Mus. Colon. Marseille, ser. 2, **9** : 118 (1911). – Type : *Balansa 3029* (holo-, iso-, P!).

– *C. paniculatus*. var *balansae* (BAILL.) LOES., Nat. Pflanzenfam. ed. 2, **20b** : 133 (1942). – Syntypes : *Balansa 3029* (P!), *Pancher s.n.*, 1870 (P!).

– « *C. marginatus* » GUILLAUMIN, Fl. Anal. Synopt. Nouv.-Caléd. : 194 (1948), *err. typogr. pro paniculatus.*

Pour une synonymie plus complète voir : DING HOU, *l.c.* : 235 (1962).

Liane robuste, pouvant atteindre 10 m, à écorce grise ou brune, garnie de côtes longitudinales, le plus souvent couverte de lenticelles ; rameaux ± cylindriques, minces, glabres [pubescents à l'état juvénile]. *Feuilles* papyracées à coriaces, glabres [parfois pileuses], brillantes ; pétiole de 0,9-1[-1,5] cm, mince ; limbe étroitement à largement ové ou oblong, de 3-7[-15] × 1,5-4[-6] cm, à base cunéiforme [obtuse ou arrondie], à sommet brièvement acuminé ou obtus, à marge crénelée, faiblement serretée ou presque entière ; nervation brochidodrome et réticulée, nervure médiane saillante sur les deux faces, nervures secondaires, tertiaires et nervilles visibles des deux côtés ; stipules filiformes, de 0,25-1 mm, blanchâtres.

Inflorescences en thyrses allongées, à 1-3 degrés de ramification, longues de 2,5-8 cm [atteignant parfois 20 cm], souvent multiflores, terminales, glabres [souvent pileuses à l'état juvénile] ; axe inflorescentiel de 3-6 (-15) mm ; pédicelles articulés, de 1-4 (-10) mm, faiblement anguleux ; bractées de 0,25-1 mm, filiformes, ± laciniées ; bractéoles de 0,25-0,75 mm, triangulaires, à marge finement dentée. Plantes dioïques ; fleurs unisexuées, de 4-5 mm de diamètre. *Fleurs* ♂ : sépales verts, arrondis, de 0,75 × 1,5 mm, à marge brièvement laciniée ; pétales blanchâtres, linguiformes, de 1,5-3 × 1,5 mm ; étamines jaunes, de 2 mm env., insérées au bord du disque, à filets subulés, de 1 mm env., glabres, à anthères cordées, à sommet obtus, de 1-1,2 mm ; disque circulaire, légèrement patelliforme, faiblement 5-anguleux à lobé, avec au centre un

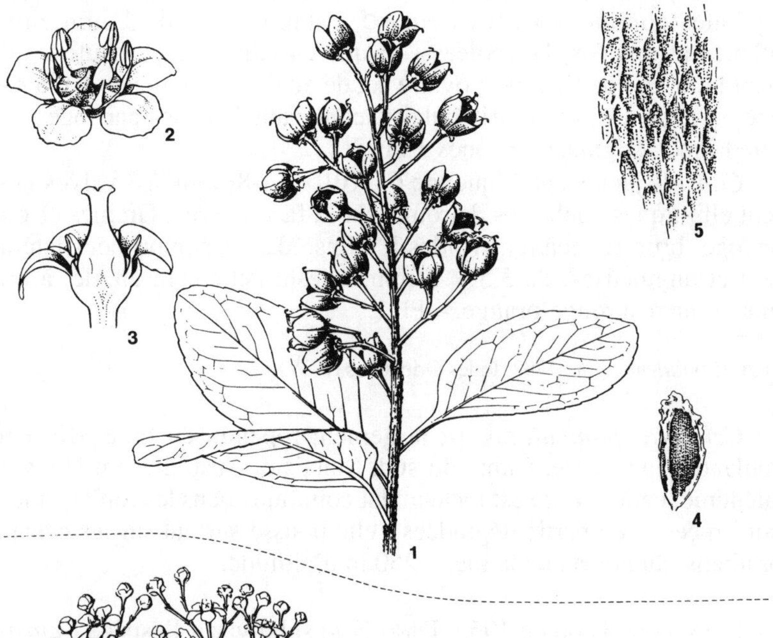

Pl. 1. – **Celastrus paniculatus** Willd. : **1**, rameau fructifère × 1 ; **2**, fleur ♂ × 6 ; **3**, fleur ♀ en coupe longit. × 6 ; **4**, graine arillée × 3 ; **5**, détail du testa (1, 4, 5, *MacKee 34366* ; 2, *MacKee 39785* ; 3, *MacKee 32000*). – **Maytenus fournieri** (Pancher & Sébert) Loes. : **6**, rameau florifère × 1 ; **7**, fleur × 6 ; **8**, capsule × 3 ; **9**, graine arillée × 6 ; **10**, détail du testa (6, 7, *Bernardi 12541,* 8-10, *MacKee 35376*).

pistillode conique, atrophié, à stigmate rudimentaire. *Fleurs* ♀ : sépales et pétales comme dans les fleurs ♂ ; staminodes, de 1 mm env., à anthères atrophiées, lancéolées ; disque cupuliforme de hauteur atteignant la moitié de l'ovaire ; ovaire soudé au disque seulement à la base, sphérique, de 1-1,5 mm, triloculaire, contenant 2 ovules par loge ; style cylindrique ; stigmate à 3 lobes ± bifides.

Capsule jaune, sphérique, de 6 [-10] × 5 [-8] mm, à 3 valves largement elliptiques, tachetées de rouge sur la face interne. Graines (1 ou) 2 par loge, brun rougeâtre, ovoïdes à ellipsoïdes, ± comprimées latéralement et anguleuses, de 3,5 × 2 mm, à testa nettement aréolé, à arille jaune, orange à rouge-orange. – Pl. **1**.

TYPE : *Willdenow s.n.*, 1793, Indes Orientales (B-W).

Celastrus paniculatus est largement répandu en Inde, Birmanie, Thaïlande, Indochine, Chine du sud, Malaisie, Australie. En Nouvelle-Calédonie, cette espèce est localement commune dans les forêts côtières, clairsemées et en partie dégradées ; elle pousse surtout sur les calcaires coralliens, du niveau de la mer à 250 m d'altitude.

Dans sa révision de 1955, DING HOU subdivisait l'espèce *Celastrus paniculatus* en trois sous-espèces, en se basant principalement sur la dimension des feuilles et la distribution géographique. Ayant, par la suite, pu examiner de nombreux échantillons supplémentaires et constatant la présence des formes intermédiaires, il n'a pas maintenu ces subdivisions (*l.c.* : 235, 1962).

En 1975, LANDER & L.A.S. JOHNSON ont proposé le rétablissement des espèces *C. australis* Harvey & F. Muell. et *C. subspicatus* Hook., alors considerées comme des synonymes de *C. paniculatus* ; ils ont fondé leur distinction sur des caractères souvent variables, tels que la forme des feuilles et le degré de ramification des inflorescences. Pour notre part, tenant compte de cette variabilité, non seulement à l'intérieur de l'espèce, mais aussi sur le même individu (en particulier la forme et la texture des feuilles, en rapport avec l'âge et l'habitat) nous retenons *C. paniculatus* au sens large.

MATÉRIEL ÉTUDIÉ :

Balansa 3029, Embouchure de la Dumbéa, nov.1870 (fl. ♀) ; *s.n.*, Dumbéa, 1868-1870, K ; *s.n.*, s. loc., 1868-1870 (fl. ♀).
Baumann 5825, Mt Mou, 300 m, 10.9.1950 (bout.).
Caldwell s.n., Canala, 1867, K.
Däniker 775, NW Mt Toua Ouaca, 15.12.1924 (fr.), Z.

Deplanche 92, Port de France (= Nouméa), 1861 (fl. ♀, fr.) ; *454*, s. loc., 1861 (bout.).
Godefroy (*herb. d'Alleizette 271 NC*), Mts Koghis, 1910 (bout.).
Jaffré 2099, s. loc., 24.12.1977 (fr.).
Le Rat 159, Yahoué, 1.1909 (fl. ♀) ; 2270, Mts Koghis, oct.1904 (bout.).
MacKee 14263, leg. *Déméné*, Nouméa, 16.1.1966 (fr.) ; *25998*, Koumac, 250 m, 1.12.1972 (fr.) ; *26099*, ibid., 27.12.1972 (fr.) ; *27714*, Poya, Népou, 5 m, 31.10.1973 (fr.) ; *32000*, Bourail, basse Barendeu, 100 m, 23.9.1976 (fl. ♀) ; *33800*, Ile des Pins, Gadji, 5 m, 8.9.1977 (fl. ♂) ; *34344*, Tiaré, 50 m, 8.12.1977 (fr.) ; *34366*, Ile Leprédour, 5 m, 13.12.1977 (fr.) ; *39551*, Népoui, 10 m, 16.9.1981 (bout.) ; *39778*, *39785*, Poya, Beaupré, 20.10.1981 (fl. ♂) ; *40742*, Koumac, Pingoué, 100 m, 7.9.1982 (fl. ♀) ; *43848*, Ile Nou, Mt Téréka, 100 m, 1.12.1987.
Pancher s.n. (*Mus. Néocal. 212*), s. loc., (bout., fr.) ; *123*, s. loc., (bout.) ; *279*, s. loc., 1870 (fr.).
Schmid 954, Magenta, 15.1.1966 (fr.)

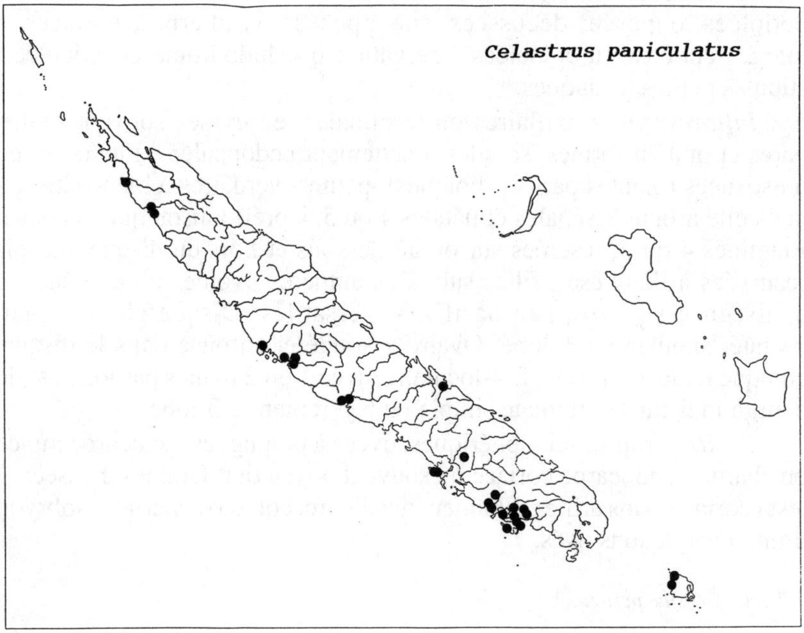

Suprin 2092, Bourail, Le Cap, 13.10.1982 (fl. ♀).
Veillon 7030, Ile Leprédour, 24.11.1988 (fr.) ; *7187*, Païta, Presqu'île Porokoué, 10.10.1989 (fl. ♂).
Vieillard 236, Balade, 1855-60 (fr.) ; *2483*, s. loc., 1861-1867 (fr.) ; *3076*, s. loc., 1861-1867 (fl. ♀).
Virot 1024, Ile des Pins, entre Baie d'Oupi et Oro, 6 m, 3.3.1942 (fr.) ; *1415*, Nouméa, Montravel, 180 m, 12.8.1944.

2. CASSINE Linné

Sp. Pl. : 268 (1753) ; Gen. Pl., ed. 5 : 129 (1754) ; BAILL., Hist. Pl., **6** : 4 (1877) ; LOES., Nat. Pflanzenfam., ed. 2, **20b** : 176 (1942) ; DING HOU, Fl. Males., ser. 1, **6** : 284 (1962) ; N. ROBSON, Bol. Soc. Brot., ser. 2, **39** : 5 (1965) ; JESSUP, Fl. Australia, **22** : 175 (1984).

- *Elaeodendron* J. JACQ., Nova Acta Helv. Phys.-Math. **1** : 36 (1780-1784, «1787») ; LOES., Nat. Pflanzenfam., 2 ed., **20b** : 172 (1942) ; GUILLAUMIN, Fl. Anal. Synopt. Nouv.-Caléd. : 195 (1948) ; HÜRL., Candollea **15** : 74 (1955) ; N. ROBSON., *l.c.* : 39 (1965).
- *Elaeodendrum* J. MURRAY, Syst. Veg., ed. 14 : 241 (1784) ; LOES., Bot. Jahrb. Syst. **39** : 170 (1906), *orth. var.*
- *Cocroxylon* ECKL. & ZEYHER, Enum. : 128 (1834-1835).
- *Lauridia* ECKL. & ZEYHER, *l.c.* : 124 (1834-1835).
- *Mystroxylon* ECKL. & ZEYHER, *l.c.* : 125 (1834-1835).

Arbrisseaux ou arbres dressés ; rameaux ± cylindriques. *Feuilles* pétiolées, opposées-décussées, subopposées ou alternes, coriaces, à marges entières ou crénelées ; nervation brochidodrome et réticulée ; stipules petites, caduques.

Inflorescences axillaires ou terminales, en cymes souvent multipares et ombelliformes, sessiles à nettement pédonculées. Fleurs bi- ou unisexuées (plantes parfois dioïques), petites, verdâtres à blanchâtres, à pédicelle articulé. Sépales et pétales 4 ou 5, à préfloraison quinconciale. Étamines 4 ou 5, insérées sur ou au-dessous et hors du disque, parfois récurvées à l'anthèse ; filets subulés ; anthères ovoïdes ou deltoïdes, à déhiscence introrse, sub-basifixes, versatiles. Disque charnu, plat, ± étalé, annulaire à ± lobé. Ovaire ± soudé et enfoncé dans le disque, conique ou lagéniforme, 2-4-loculaire, avec 1 ou 2 ovules par loge ; style court à indistinct ; stigmate simple ou légèrement 2-3-lobé.

Fruits : drupes, sub-sphériques, ovées à oblongues ; exocarpe mince ou charnu ; endocarpe coriace ou souvent noyau dur. Graines dressées, à testa coriace, sans arille ; albumen blanchâtre, copieux, charnu ; embryon droit, à cotylédons ovés.

TYPE : *Cassine peragua* L.

Ce genre pantropical comprend environ 80 espèces ; le centre de diversification se trouve en Afrique. En Nouvelle-Calédonie *Cassine* est représenté par 6 espèces, dont 4 endémiques.

Aujourd'hui on accepte généralement une définition assez large du genre *Cassine*, avec mise en synonymie de *Crocoxylon*, *Elaeodendron*, *Mystroxylon* et *Lauridia*. L'examen du bois par METCALFE & CHALK (Anat. Dicot. **1** : 393, 1950) a révélé des différences, mais elles sont sans corrélation avec la macromorphologie. Pour une discussion plus approfondie voir DING HOU, *l.c.* : 284 (1962) et LOBREAU-CALLEN, Adansonia, ser. 2, **15** (2) : 215 (1975).

CLÉ DES ESPÈCES

1. Feuilles opposées (rarement subopposées).
  2. Pétiole long de 10-22 mm ; rameaux garnis de lenticelles denses (au moins à l'état juvénile). Fruit noir, de 10-11 mm de diamètre ...... 1. *C. curtipendula*
  2'. Pétiole ≤ 8 mm ; rameaux non lenticellés. Fruit vert, de (14-)18-24 mm de diamètre .... 2. *C. brachycremastra*

1'. Feuilles alternes (les jeunes parfois subopposées).
  3. Feuilles à pétiole ≥ 15 mm, limbe de 7-24 × 3-8 cm.
    4. Limbe ≥ 11 cm, à base atténuée. Fruit mûr de 3-4,5 × 2,5-3 cm. .... 3. *C. cunninghamii*
    4'. Limbe ≤ 10 cm, à base cunéiforme. Fruit de 1-1,2 × 1-1,1 cm. .... 4. *C. pininsularis*
  3'. Feuilles à pétiole ≤ 12 mm, limbe de 2,5-7 × 0,5-3 cm.
    5. Feuilles échelonnées le long des rameaux, limbe ové. Inflorescence courte, robuste, de 1-1,5 cm .... 5. *C. parvifolia*
    5'. Feuilles groupées au sommet des rameaux ; limbe spatulé. Inflorescence longue, mince, de 4-11 cm, dépassant les feuilles. .... 6. *C. bupleuroides*

CARACTÉRISTIQUES PRATIQUES

C. brachycremastra BRA, *bupleuroides* BUP, *cunninghamii* CUN, *curtipendula* CUR, *parvifolia* PAR, *pininsularis* PIN

Feuilles

Pétiole de 2-8 mm.	BRA/PAR
Pétiole ≥ 10 mm.	CUN/CUR/PIN
Limbe ≤ 10 cm.	BRA/BUP/CUR/PAR/PIN
Limbe ≥ 11 cm.	CUN

Fleurs

Inflorescences ≥ 4 cm.	BUP/CUN
Inflorescences ≤ 3,5 cm.	BRA/CUR/PAR
Étamines ≥ 1 mm.	BRA/CUN/CUR/PIN
Étamines ≤ 0,75 mm.	BUP/PAR

1. **Cassine curtipendula** (Endlicher) Kuntze

Rev. Gen. 1 : 114 (1891), « *curtipetala* » *sphalm.*
– *Elaeodendron curtipendulum* ENDL., Prodr. Fl. Norfolk. : 81 (1833) ; LOES., Bot. Jahrb. Syst. **39** : 170 (1906) ; GUILLAUMIN, Ann. Mus. Colon. Marseille, ser. 2, **9** : 119 (1911) ; LOES., Nat. Pflanzenfam., ed. 2, **20b** : 174 (1942) ; GUILLAUMIN, Fl. Anal. Synopt. Nouv.-Caléd. : 195 (1948).
– *E. arboreum* PANCHER & SÉBERT *in* SÉBERT, Rev. Marit. Colon. **41** : 209 (1874) ; SÉBERT, Bois de la Nouv.-Caléd. : 234 (1874). – Lectotype (désigné ici) : *Pancher* (*coll. bois* 68) P!.*

Arbrisseau ou arbre dressé, de 2-20 m, à tronc atteignant 55 cm de diamètre, muni de petits contreforts ; écorce brune, grisâtre, rude, couverte de lenticelles denses au moins à l'état juvénile ; rameaux cylindriques. *Feuilles* opposées, rarement subopposées, papyracées à coriaces, vert foncé au-dessus, vert clair au-dessous ; pétiole de 1-2,2 cm, mince ; limbe obové, oblong-ové, ové à sub-sphérique, de 5-9(-10) × 2-4,5 cm, à base cunéiforme, à sommet arrondi, émarginé ou pointu, à marge ± fortement crénelée, ± révolutée ; nervure médiane saillante au-dessous, nervures secondaires, tertiaires et nervilles visibles des deux côtés ; stipules lancéolées, de 0,5-0,75 mm, brunâtres, à marge entière.

Inflorescences en cymes ombelliformes, longues de 1,5-3 cm, axillaires ; pédoncules primaires de 9-12 mm, dans les inflorescences ♂ axes secondaires de 3,5-7,5 mm et pédicelles de 2,5-3 mm, dans les inflorescences ♀ axes secondaires de 2-4 mm et pédicelles de 1,5-2,5 mm ; bractées de 0,75-1 mm, lancéolées ; bractéoles de 0,5 mm env., lancéolées. Fleurs unisexuées (plantes dioïques), jaune verdâtre à vertes, de 4,3-4,8(-5) mm de diamètre. *Fleurs* ♂ : sépales verts, largement ovés, de 0,75 × 0,75 mm env., à marge irrégulièrement laciniée-dentée ; pétales linguiformes, de 2-2,2 × 1 mm, à marge ondulée ; étamines de 1-1,2 mm, insérées juste au-dessous du bord du disque, récurvées à l'anthèse, à filets subulés, ± larges, à anthères largement ovées, sub-basifixes, de 0,2 mm env. ; disque 5-anguleux, renflé, rayé, à pistillode en ombilic. *Fleurs* ♀ : sépales et pétales comme dans les fleurs ♂ ; staminodes absents ; disque annulaire, légèrement ondulé, ± étalé ; ovaire largement conique, de 2 mm env., soudé et enfoncé dans le disque seulement à la base, triloculaire, contenant 2 ovules par loge ; style cylindrique ; stigmate punctiforme à capité, légèrement 3-lobé.

* Aucun spécimen n'a été cité avec la description originale mais un tableau, à la page 243 de la même publication, indique 3 échantillons pour *Elaeodendron arboreum* : *Fournier et Sébert 68*, Mus. des Colonies ; *Petit 68*, Mus. des Colonies ; *Pancher*, coll. à Fontainebleau. Dans l'herbier national de Paris, on trouve 2 parts de PANCHER de 1861, avec la mention *collection bois 68*. Pour la lectotypification nous choisissons celle qui porte une étiquette sur laquelle le collecteur a écrit « *Elaeodendron*, espèce nouvelle....Beau et bon bois....marais derrière Magenta... ».

Drupe noire et brillante, ellipsoïde, de 1,6-2,2 × 1 cm, à sommet arrondi ou acuminé ; exocarpe coriace, endocarpe lignifié ; 2-3 loges. Graines, 1 par loge, brun foncé, brillantes, oblongues, comprimées latéralement, pointues à la base, de 5-6 × 2-2,5 mm, à testa finement réticulé. – Pl. **5** p. 27.

TYPE : *Bauer s.n.*, Ile Norfolk (holo-, W ; iso-, K).

L'espèce est largement répandue en Nouvelle-Calédonie et aux Loyauté, dans les Iles Norfolk et Lord Howe. On rencontre *Cassine curtipendula* en forêt côtière, sclérophylle, parfois dégradée, sur calcaires coralliens, roches ou sables, au niveau du mer ou à basse altitude, exceptionnellement jusqu'à 250 m d'altitude (crêtes calcaires).

La forme de jeunesse est buissonnante, avec des feuilles étroitement ovées, à marge serretée à faiblement crénelée et à pétiole de 2 mm environ. La texture, la forme et la grandeur des feuilles sont variables dans cette espèce.

NOMS VERNACULAIRES : Bois jaune, Olivier.

MATÉRIEL ÉTUDIÉ :

Balansa 574, Nouméa, sept.1868 (fr.) ; *2139*, Lifou, juill. 1869 (fr.) ; 2153, Lifou, Chépénéhé, 3.8.1869 (fr.) ; *3320*, Ile Mouac, mai 1871 (fr.).

Baumann 717, Ilot Maître, 23.1.1950 ; *13321*, Nouméa, Anse Vata, 11.5.1951 (fl. ♂) ; *13594*, *13598*, Ile des Pins, Anse Kanuméra, 27.5.1951 (juv.) ; *14564*, Maré, Tadine, 12.7.1951 (fr.) ; 14570, ibid., 13.7.1951 (fr.).

Blanchon 1333, Boat Pass, 1965 (fr.).

Däniker 1544, Ile Tou-Aye, 1.4.1925 (bout.) ; *1602*, Ile Pionne, 8.4.1925 (fl. ♀) ; 2994, Lifou, Mou, 19.11.1925 (juv.) ; *2994a*, Maré, Rô, 7.1.1926 (fr.).

Deplanche 40, Lifou, (fr.).

Franc 1390, Nouméa, 14.7.1909 (fl. ♂) ; *s.n.*, s. loc. (fr.).

Guillaumin & Baumann 11456, Tiaré, 24.3.1951 (fl. ♂).

Guillaumin & Hürlimann 717, Ilot Maître, 23.1.1951 (juv.).

Hoff 888, Baie Tina, Nouméa, 18.5.1979 (fl. ♀).

Hürlimann 3437, Nouméa, Anse Vata, 6.9.1958.

Kay 49, s. loc., (bout.).

Le Rat 128, Ilot Améré, mars.1903 (fr.).

MacDaniels 2135, Ilot Maître, 11.1.1949 (fr.).

MacKee 5003, Ile des Pins, Kuto, 4.8.1956 (fr.) ; *10119*, Nouméa, Anse Vata, 26.1.1963 (fr.) ; *11919*, Poé, 3.1.1965 (fr.) ; *19597*, leg. *Corbasson*, Lifou, Doking, 21.4.1968 (fr.) ; *22722*, Ile Néba, 8.10.1970 (fr.) ; *22723*, idem, (juv.) ; *23246*, ibid., 7.1.1971 (fr.) ; *24775*, Nouméa, Baie Tina, 29.12.1971 (fr.) ; *24776*, idem (juv.) ; *25243*, Koumac, 250 m, 13.4.1972 ; *26484*, *26486*, Koumac, Ruiss. Grande Forêt, 250 m, 25.3.1973 (fl. ♂) ; *26509*, Gomen, 250 m, 26.3.1973 (fr.) ; *27273*, Lifou, Chépénéhé, 25 m, 1.9.1973 ; *29301*, Ile Balabio, Tiaodmoin, 16.9.1974 (fr.) ; *29670*, leg. *Sévenet*, Lifou, 18.1.1975 (fr.) ; *31423*, leg. *Sévenet*, Ilot Nduo, 20.6.1976 (fl. ♀, fr.) ; *32677*, leg. *Veillon*, Ouvéa, Ognat, 19.1.1977 (juv.) ; *34479*, Embouchure de la Tiaoué,

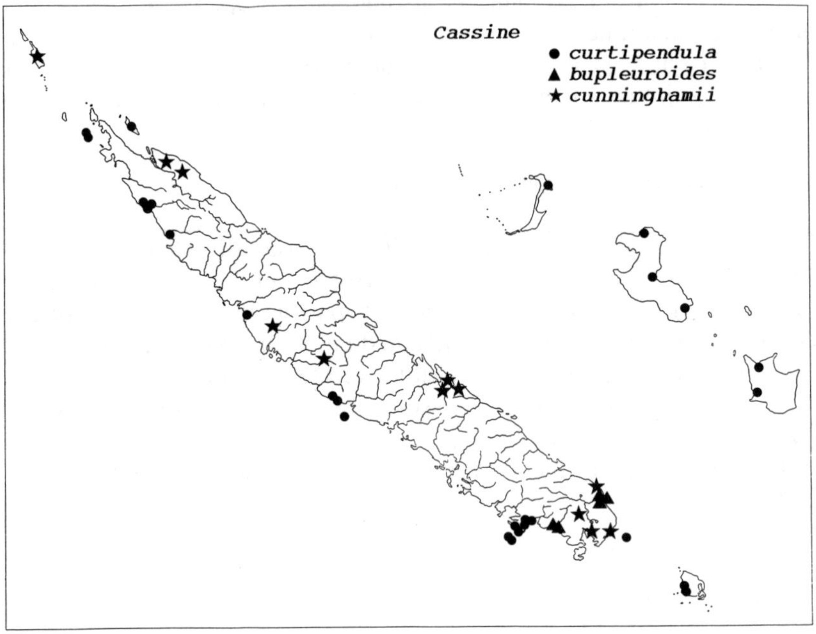

30.12.1977 (fr.) ; *35457*, Nouméa, Magenta, 23.7.1978 (fl. ♂) ; *36988*, Nouméa, Baie Tina, 14.6.1979 (fl. ♂) ; *37525*, Ile Améré, 31.10.1979 ; *40325*, leg. *Cherrier*, ibid., 20.4.1982 (fr.) ; *42152*, Bourail, Ilot Vert, 17.8.1984 (fr.) ; *43910*, Nouméa, Ilot Maître, 2.3.1988 (fr.).

McPherson 2769, Port Boisé, 10.6.1980 (fl. ♂) ; *6004*, Ile de Pins, Kuto, 17.11.1983 (fr.) ; *6234*, Port Boisé, 31.12.1983 (fr.) ; *6640*, Lifou, Cap des Pins, 30.5.1984 (fr.).

Morat 6101, Ile Néba, 22.8.1978 (fr.) ; *6164*, Ile Art, 24.8.1978 (bout.) ; *6180*, idem (fl. ♀) ; *6190*, ibid., 25.8.1978 (fl. ♂) ; *7724*, Maré, 50 m, 22.3.1984 (fr.).

Müller 95, Ile des Pins, 23.10.1990, Z.

Pancher s.n. (*coll. bois 68*), Magenta, 1861 (fl. ♂) ; *s.n.* (*coll. bois 68*, *Vieillard 2478*), s. loc., sept. 1861 (fl. ♂) ; *s.n.*, s. loc., 1862 (fl. ♀, fr.) ; *s.n.*, s. loc., 1863 (fr.).

Petit 181, s. loc.

Sarlin 189, Dumbéa, août. 1949 (fr.).

Schmid 1254, Lifou, Chépénéhé, 19.5.1966 (bout., fr.) ; *1803*, Lifou, Chila, 11.11.1966 (fr.) ; *2067*, Ile des Pins, Kuto, 10.6.1967 (fl. ♀, fr.) ; 2927, Poé, 29.7.1969 (fl. ♂).

Thiébaut s.n., Lifou, juill. 1864 (fr.).

Veillon 721, Ile des Pins, 3.5.1966 (fr.) ; *1908*, Port Boisé, 21.1.1969 (fr.) ; *2713*, Ile Art, 30.8.1972 (bout.) ; *3639*, Ile Néba, 22.8.1978 (fr.) ; *4113*, Lifou, oct. 1979 (fr.) ; *4713*, Ilot Améré, 10.12.1981 (fr.) ; *4728*, Riv. To N'Deu, 16.12.1981 (fl. ♂) ; *7118*, Nakutakoin, 150 m, 23.8.1989 (fr.) ; *7365*, Païta, 50 m, 4.4.1991 (fr.).

Vieillard 2478, Lifou, 1866 (fr.).

Virot 991, Ile des Pins, Kuto, 5.3.1943.

Webster 18328, Ile des Pins, 18.7.1973 (fl. ♂)

2. **Cassine brachycremastra** (Guillaumin) I.H. Müller, *comb. nov.*

– *Elaeodendron brachycremastron* GUILLAUMIN, Bull. Soc. Bot. France **73** : 432 (1926) ; Fl. Anal. Synopt. Nouv.-Caléd. : 195 (1948) ; HÜRL., Candollea **15** : 76 (1955).
– *E. vieillardii* GUILLAUMIN, Bull. Mus. Hist. Nat. Paris, ser. 2, **3** : 216 (1929) ; *l.c.* : 195 (1948) ; HÜRL., *l.c.* : 76 (1955) ; *syn. nov.* – Syntypes : *Vieillard s.n.* (P!), *Vieillard 3231* (P!).
– *E. gomenensis* VIROT, Mém. Mus. Natn. Hist. Nat., ser. Bot., **4** : 16 (1953) ; HÜRL., *l.c.* : 76 (1955) ; *syn. nov.* – Type : *Virot 1306* (holo-, iso-, P!).
– *E. baas-beckingii* HÜRL., *l.c.* : 74 (1955) ; *syn. nov.* – Type : *Baumann 5971* (holo-, Z!).

Arbrisseau dressé, de 1,5-6 m, à écorce noire, tachée de blanc ; rameaux ± cylindriques, côtelés. *Feuilles* opposées, coriaces, vert foncé et brillantes au-dessus, vert clair au-dessous ; pétiole de 3-8 mm ; limbe obové, spatulé, de 3-8,5 × 1,7-3 cm, à base atténuée ou cunéiforme, à sommet arrondi, émarginé, à marge crénelée, révolutée ; nervure médiane saillante sur les deux faces, nervures secondaires et tertiaires visibles des deux côtés, saillantes au-dessous ; stipules lancéolées, de 0,5-0,75 × 0,2-0,25 mm, noires.

Inflorescences en cymes multipares, longues de 1,7-3,5 cm, axillaires ; pédoncules primaires de 1-2,5 cm, axes secondaires de 0,3-0,7 cm ; pédicelles articulés, de 2-4 mm ; bractées de 0,5-1,5 mm, lancéolées ; bractéoles de 0,5-1,5 mm, lancéolées. Fleurs unisexuées (plantes dioïques), jaune verdâtre ou vertes, de 4-5,5 mm de diamètre. *Fleurs* ♂ : sépales verts, arrondis, de 0,75-1 × 0,5-0,75 mm, à marge entière ; pétales linguiformes, de 2-2,5 × 1,2-1,5 mm, épais, à marge ondulée ; étamines de 1,2-1,5 mm, insérées juste au-dessous du bord du disque, récurvées à l'anthèse, à filets subulés, de 1-1,2 mm, minces, à anthères largement ovées, sub-basifixes, de 0,2 mm ; disque nettement 4 ou 5-anguleux, plat, pulviniforme, avec au centre un petit pistillode atrophié, en forme d'ombilic. *Fleurs* ♀ : sépales comme dans les fleurs ♂ ; pétales ovés à linguiformes, de 1,5-2 × 1,2 mm, épais, à marge ondulée ; staminodes absents ; disque annulaire, faiblement 5-anguleux ; ovaire de 2 mm env., oblong à conique, soudé et enfoncé dans le disque sur 1/4 env., triloculaire, à 2 ovules par loge ; style court ; stigmate à 3 lobes bifides.

Drupe verte, ellipsoïde à sphérique, de 1,8-2,5 × 1,4-2,4 cm, à sommet obtus ou acuminé, à style persistant ; exocarpe mince, endocarpe lignifié ; 2-3 loges. Graines, 1 par loge, rouge clair à brunes, brillantes, ovées, comprimées latéralement, pointues à la base, de 4-5 × 3-4 mm. – Pl. **2** ; carte p. 25.

TYPE : *Balansa 3317* (holo-, iso-, P!).

Cassine brachycremastra se rencontre dans la partie nord-ouest de la Nouvelle-Calédonie, en forêt-galerie et en maquis, sur terrain serpentineux, du niveau de la mer à 150 m d'altitude.

Sur les formes de jeunesse, les feuilles sont lancéolées, à pétiole de 3 mm environ et à marge distinctement dentée.

MATÉRIEL ÉTUDIÉ :

Balansa 3317, Poum, mai 1871 (fr.).
Baumann 5971, Voh, 24.2.1950 (fl. ♂).
Jaffré 67, Koumac, 27.7.1968 (fr.).
MacKee 14304, Paagoumène, 5 m, 31.1.1966 (fl. ♂) ; *15193*, ibid., 5.7.1966 (fr.) ; *16822*, ibid., 20 m, 6.6.1967 (fr.) ; *17761*, ibid., 18.10.1967 (fl. ♂) ; *22407*, Koné, Pinjen, 150 m, 16.8.1970 (fr.) ; *23268*, Koumac, Tangadiou, 8.1.1971 (fl. ♂) ; *23269*, idem (juv.) ; *23339*, Poum, Pouani, 5 m, 17.2.1971 (fl. ♀) ; *33158*, Plaine des Gaiacs, 20 m, 19.5.1977 (fr.) ; *35357*, Taom, Ouéou, 100 m, 4.7.1978 (fr.) ; *37816*, ibid., 7.2.1980 (fl. ♂) ; *37817*, idem (fr.) ; *39104*, Koumac, Kokondo, 20 m, 19.5.1981 (fl. ♀) ; *39361*, *39365*, ibid., 29.7.1981 (fr.) ; *41468*, *41471*, ibid., 13.5.1983 (fr.).
Müller 209, *210*, *211*, *212*, Paagoumène, 5 m, 14.11.1990 (fr.) Z ; *213*, idem (juv.) Z.
Vieillard 3231, Gatope 1861-67 (fl. ♀, fr.).
Virot 1306, W Mt Kaala, 20 m, 10.11.1943 (fr.).
Webster & Jaffré 19272, Mt Katépahié, 50 m, 13.12.1973 (fl. ♂).

3. **Cassine cunninghamii** (Montrouzier) Lobreau-Callen

Adansonia, ser. 2, **15** : 220 (1975).
- *Elaeodendron cunninghamii* MONTROUZ., Mém. Acad. Imp. Lyon, sect Sci., ser. 2, **10** : 194 (1860) ; GUILLAUMIN & BEAUVISAGE, Ann. Soc. Bot. Lyon **38** : 85 (1913) ; GUILLAUMIN, Fl. Anal. Synopt. Nouv.-Caléd. : 196 (1948) ; HÜRL., Candollea **15** : 76 (1955).
- *E. artense* MONTROUZ., *l.c.* : 194 (1860) ; GUILLAUMIN, *l.c.* : 194 (1948) ; HÜRL., *l.c.* : 76 (1955) ; *syn. nov.* – Lectotype (désigné ici) : *Montrouzier 29* (G!).
- *E. clusiophyllum* BAILL., Adansonia **11** : 267 (1874) ; LOES., Bot. Jahrb. Syst. **39** : 170 (1906) ; Nat. Pflanzenfam., ed. 2, **20b** : 174 (1942). –TYPE : *Balansa 3613* (holo-, iso-, P!).
- *E. tuk* GUILLAUMIN, Bull. Mus. Hist. Nat. Paris, ser. 2, **6** : 623 (1938) ; GUILLAUMIN, *l.c.* : 196 (1948) ; HÜRL., *l.c* : 76 (1955) ; *syn. nov.* – Type : *Franc 1529A* (holo-, iso-, P!).

Arbre dressé, de 6-10 m, à écorce grise, brun-rougeâtre, présentant parfois des zones lisses alternant avec des zones épaissies et garnies de cicatrices foliaires ; rameaux cylindriques. *Feuilles* alternes, coriaces, vert foncé au-dessus, vert clair au-dessous ; pétiole de 1,5-3,5 cm ; limbe oblong, spatulé, de 11-24 × 3-8 cm, à base atténuée, à sommet arrondi, obtus à acuminé, à marge entière à crénelée, révolutée ; nervure médiane saillante au-dessous, nervures secondaires et tertiaires visibles des

PL. 2. – **Cassine bupleuroides** (Guillaumin) I.H. Müller : **1**, rameau florifère × 1 ; **2**, fruit en coupe transv. × 2 (1, *Franc 2060* ; 2, *MacKee 41628*). – **Cassine brachycremastra** (Guillaumin) I.H. Müller : **3**, rameau florifère × 1 ; **4**, fleur ♂ × 6 ; **5**, fruit en coupe transv. × 1 ; **6**, plantule × 1 (3, 4, *MacKee 37816* ; 5, *Müller 211* ; 6, *Müller 213*).

deux côtés ; stipules largement triangulaires, à sommet acuminé, de 1,5 × 1 mm env., brunâtres.

Inflorescences en cymes ombelliformes, longues de 4-9,5 cm, multiflores, axillaires ; pédoncules primaires de 1,7-3 cm, axes secondaires de 3-10 mm ; pédicelles de 1-1,5 mm ; bractées de 0,5 mm env., brunâtres, largement triangulaires ; bractéoles de 0,5 mm, lancéolées. Fleurs bi- et unisexuées (plantes monoïques), de 4-7 mm de diamètre ; boutons couverts de mucosités. *Fleurs* ♂ : sépales verts, arrondis, de 1,2 × 1 mm env., minces, à marge dentée ; pétales linguiformes, de 2,5 × 1 mm env., épais, à marge fortement ondulée, crénelée ; étamines de 1,2-1,5 mm, insérées juste au-dessous du bord du disque, à filets subulés, de 1 mm env., à anthères jaunes, largement ovées, de 0,25-0,5 mm, sub-basifixes ; disque vert, 5-anguleux à distinctement 5-lobé ; ovaire atrophié, en forme d'ombilic. *Fleurs* ♀ : sépales verts, arrondis, de 1 × 1,5 mm, épais, à marge finement dentée ; pétales largement linguiformes, de 2,5-3 × 1,5-1,8 mm, à marge fortement ondulée, presque lobée ; étamines de 1 mm env., à filets blancs, subulés, de 0,75 mm, à anthères ovées, de 0,25 mm, contenant peu du pollen ; disque ± étalé, comme dans les fleurs ♂ ; ovaire vert, sub-sphérique, de 1,8-2 mm, triloculaire, soudé et enfoncé dans le disque sur 1/3 env., contenant 2 ovules par loge ; style cylindrique ; stigmate légèrement 2-3 lobé.

Drupe verte, sub-sphérique à ellipsoïde, de 3-4,5 × 2,5-3 cm, à sommet arrondi ou pointu ; exocarpe mince, endocarpe lignifiée ; 2-3 loges. Graines, 1 par loge, noires, ovées, comprimées latéralement, pointues à la base, de 6-7 × 4-4,5 mm, à testa réticulé-fovéolé. - Pl. **3** ; carte p. 16.

LECTOTYPE (désigné ici) : *Montrouzier 30* (G!).

On trouve *Cassine cunninghamii* dans la région de Thio (sud de la Nouvelle-Calédonie), sur le Mé Maoya, le Mt Boulinda, le Mt Mandjélia et l'Ile Art. Il pousse sur terrains schisteux et serpentineux, en forêt humide, mésophile, parfois relictuelle, jusqu'à 1000 m d'altitude.

En 1860, MONTROUZIER a décrit deux espèces *Elaeodendron cunninghamii* et *E. artense*, mais l'analyse approfondie, sur un matériel plus abondant, a conduit à considérer ces deux taxons comme conspécifiques.

NOMS VERNACULAIRES : Palat, Teck Blanc.

MATÉRIEL ÉTUDIÉ :

Balansa 1853, Bouloupari, 29.12.1869 (fr.) ; *3318*, Ile Art, 21.6.1871 (fr.) ; *3613*, Thio, Ouroué, déc.1871 (fl. ♂).
Blanchon 888, Riv. des Pirogues, (fl.).

PL. 3. – **Cassine cunninghamii** (Montrouz.) Lobr.-Callen : **1**, rameau florifère × 1 ; **2**, rameau fructifère × 2/3 (1, *Müller 217* ; 2, *MacKee 13271*).

Cabalion 664, S Ile Art, 24.8.1978 (fl. ♀, fr.).
Franc 1529A, Prony, juill. 1913 (bout., fl.) ; *2030*, ibid., 10.10.1915 (bout.).
Foster 168, Mt Ignambi, 12.6.1956.
Hürlimann 3202, Bois du Sud, 170 m, 25.7.1958 (fr.) ; *3203*, idem (juv.).
Hürlimann & Lucien 3311, Pic du Pin, 350 m, 16.8.1958 (fr.).
Jaffré 1371, Forêt Cachée, 1.8.1975 (fr.) ; *2768*, Dothio, 3.12.1986 (fl. ♂).
MacKee 5567, Boulouparis, Nassirah, 20 m, 24.10.1956 (fr.) ; *13271*, Dothio, 20 m, 20.8.1965 (fr.) ; *19647*, haut Diahot, Tendé, 500 m, 30.9.1968 (fl. ♂) ; *20336*, Koniambo, 50 m, 23.3.1969 ; *23686*, Mé Maoya, Contrefort W, 1000 m, 5.5.1971 (fr.) ; *30506*, N Ile Art, 200 m, 10.12.1975 (fr.) ; *36120*, Kuébini, 2 m, 22.11.1978 (fl. ♂) ; *36562*, Canala, Pembi, 5 m, 14.2.1979 (fl. ♂) ; *38008*, haut Diahot, Tendé, 600 m, 28.3.1980 (fl.) ; *42123*, leg. *Nasi*, Dothio, 50 m, 17.8.1984 (fr.) ; *44443*, leg. *Cherrier*, Canala, Mokoué, 20 m, 2.7.1989.
McPherson 4124, Mt Boulinda, 750 m, 28.8.1981 (fr.) ; *5393*, Dothio, 50 m, 26.1.1983 (fr.) ; *5439*, ibid., 27.1.1983 (fl. ♂) ; *6052*, Mt Mandjélia, 600 m, 26.11.1983 (fr.).
Montrouzier 29, *30*, Ile Art, (fl.) G ; *31*, s. loc., oct., G ; *s.n.*, s. loc., mars1868 (bout.).
Müller 49, Col de Petchicara, 12.10.1990 (bout.) Z ; *82*, *83*, *84*, Port Boisé, 5-15 m, 18.10.1990 (bout., fr.) Z ; *88*, *89*, Piste de la Madeleine, 18.10.1990 (fr.) Z ; *217*, ibid., 17.11.1990 (fr., fl.) Z.
Schmid 1953, Forêt Cachée, mars 1967 ; *3368*, Poami, 500 m, 2.9.1970 (fr.).
Tirel 1294, S Ile Art, 100 m, 24.8.1978 (bout.).
Veillon 1161, Mts Koghis, 14.4.1967 (fr.) ; *2600*, Dothio, 6.6.1972 ; *3705*, S Ile Art, 24.8.1978 (bout.) ; *3712*, Ile Art, 25.8.1978 (fr.) ; *7606*, Mé Maoya, 600 m, 28.1.1993 (fr.).
Vieillard 3232, Canala, (fr.).

4. **Cassine pininsularis** (Hürlimann) I.H. Müller, *comb. nov.*

– *Elaeodendron pininsulare* Hürl., Candollea **15** : 75 (1955).

Arbrisseau dressé ou arbre de 3-10 m, à écorce gris noirâtre ; rameaux ± cylindriques. *Feuilles* alternes, rarement subopposées, coriaces, vert foncé au-dessus, vert clair au-dessous, brillantes ; pétiole de 1-2,2 mm ; limbe obové à largement obové, oblong ou spatulé, de 5,5-10 × 2-4,5(-5) cm, à base cunéiforme, à sommet arrondi, émarginé ou obtus, à marge crénelée ou presque entière, révolutée ; nervure médiane saillante au-dessous ou des deux côtés, nervures secondaires visibles au-dessus et au-dessous ; stipules largement triangulaires, à sommet acuminé, de 0,75-1 × 0,5-1 mm, brunâtres.

Inflorescences en cymes multipares, longues de 1,5-4,5 cm, axillaires et terminales, à axes articulés ; pédoncules primaires de 1-3,5 cm, axes secondaires de 0,5-1,5 cm ; pédicelles de 2-5 mm, articulés ; bractées de 0,75-1 × 0,5 mm, triangulaires ; bractéoles de 0,5 × 0,25-0,5 mm, triangulaires. Fleurs uni- ou bisexuées, vertes, de 5 mm env. de diamètre : sépales arrondis, de 1 × 1 mm env., à marge dentée ; pétales

PL. 4. – **Cassine pininsularis** (Hürl.) I.H. Müller subsp. **pininsularis** : **1**, rameau fructifère × 1 *(McPherson 5968)*. – Subsp. **poyaensis** I.H. Müller : **2**, rameau florifère × 1 ; **3**, fleur × 6 *(Müller 2)*.

linguiformes à oblongs, de 2,5-3 × 1,5-2 mm, à marge ± dentée ; étamines de 1,5 mm env., insérées juste au-dessous du bord du disque, à filets subulés, de 1-1,2 mm, à anthères ovées, à sommet arrondi, de 0,25 mm env., sub-basifixes ; disque annulaire, ± 5-lobé ; ovaire sub-sphérique de 1 mm env., soudé et enfoncé dans le disque sur 1/2-3/4 env., bi- à triloculaire, contenant 2 ovules anatropes par loge ; style cylindrique ; stigmate trilobé.

Drupe (peut-être immature) sub-sphérique, de 10-12 × 10-11 mm ; exocarpe charnu-coriace, endocarpe lignifié ; 2-3 loges. Graines, 1 par loge, ovées, comprimées latéralement, de 4 × 2,5-3 mm, à testa réticulé, brun. – Pl. **4**.

CLÉ DES SOUS-ESPÈCES

1. Feuilles à pétiole de 1,5-2,2 mm, à limbe obové. Inflorescences à axes secondaires de 5 mm env. . . . . a. subsp. *pininsularis*
1'. Feuilles à pétiole ≤ 1,5 mm, à limbe obové, oblong, à spatulé. Inflorescences à axes secondaires de 1-1,5 cm . . . . b. subsp. *poyaensis*

a. subsp. **pininsularis**

Arbrisseau dressé ou arbre, de 3-6 m. *Feuilles* alternes, rarement subopposées ; pétiole de 1,5-2,2 mm ; limbe obové à largement obové, de 7-9,5 × 4-4,5(-5) cm, à sommet arrondi, émarginé, à marge ± crénelée ; nervure médiane saillante au-dessous.

Inflorescences longues de 2-2,5-3 cm ; pédoncules primaires de 1-1,5 cm, axes secondaires de 5 mm env. ; pédicelles de 3,5-4 mm.

TYPE : *Baumann 13810* (holo-, Z!).

Cette sous-espèce se rencontre sur les flancs du Pic Nga (Ile des Pins), en forêt, parfois relictuelle, jusqu'à 200 m d'altitude.

MATÉRIEL ÉTUDIÉ :

Baumann 13810, Pic Nga, 30.5.1951 (fl. ♂), Z.
MacKee 14065, Pic Nga, 200 m, 18.12.1965 (fr.) ; *15819*, ibid., 14.10.1966 (fl.) ; *24449*, Arama, 5 m, 12.10.1971 (fl. ♀, fr.).
McPherson 5968, *5978*, Ile des Pins, Pic Nga, 80 m, 15.11.1983 (fr.).

b. subsp. **poyaensis** I.H. Müller, *subsp. nov.*

Arbor 6-10-metralis. Folia alterna ; petiolus 1-1,5 mm longus ; lamina obovata, oblonga vel spathulata, 5,5-10 cm longa, 2-2,5(-4) cm lata, apice obtuso vel rotundato, margine crenulato vel subintegro ; costa utraque facie prominula.

Inflorescentia cymosa, umbellata, 1,5-4,5 cm longa ; pedunculi articulati, primarii 1-3,5 cm longi, secundarii 1-1,5 cm longi. Sepala laete viridia ; petala flavo-viridia ; stamina filamentis pallide viridibus, antheris flavescentibus ; ovarium viride ; stigma flavescens.

Drupa (non matura) apice acuminata, 4-5 mm longa et 4 mm lata, bi vel trilocularis. Semen oblongum, complanatum, circa 1 × 0,5 mm.

Arbre de 6-10 m. *Feuilles* alternes ; pétiole de 1-1,5 mm ; limbe obové, oblong à spatulé, de 5,5-10 × 2-2,5(-4) cm, à sommet obtus à arrondi, à marge crénelée à presque entière ; nervure médiane saillante des deux côtés.

Inflorescences en cymes ombelliformes, longues de 1,5-4,5 cm ; pédoncules primaires de 1-3,5 cm, axes secondaires de 1-1,5 cm. Sépales vert clair ; pétales vert jaunâtre ; étamines à filets vert pâle, à anthères jaunâtres ; ovaire vert ; stigmate jaunâtre.

Drupe (immature) de 4-5 × 4 mm, à sommet pointu. Graines, 1 par loge, oblongues, aplaties, de 1 × 0,5 mm env.

TYPE : *Müller 2* (holo-, Z! ; iso-, P!).

Cette sous-espèce se rencontre dans les forêts côtières, sclérophylles et parfois dégradées de la côte ouest, entre 10 et 150 m d'altitude.

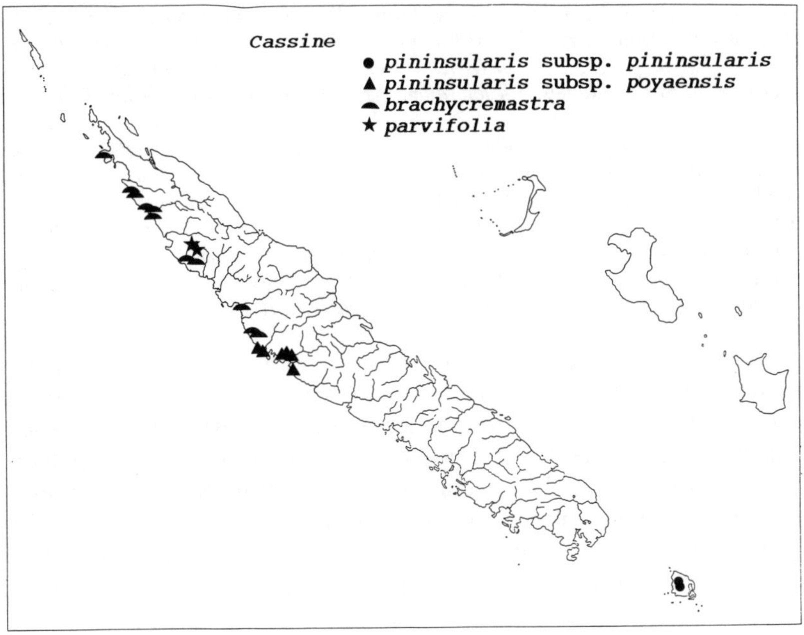

Les feuilles de la forme de jeunesse sont oblongues, à marge fortement serretée, à base atténuée et pourvues d'un pétiole de 3-4 mm.

Ce taxon mériterait peut-être le statut d'espèce, les caractères anatomiques des feuilles plaidant dans ce sens. Les fruits mûrs manquent pour confirmer ce choix.

MATÉRIEL ÉTUDIÉ :

Jaffré 1619, Ile Pott, 10.12.1975 (fr.).
MacKee 39436, leg. *Cherrier*, Poya, Beaupré, 10 m, 6.8.1981 (fl. ♀) ; *39761*, *39784*, ibid., 20.10.1981 (bout., fl. ♂) ; *42133*, Poya, Nékoro, 2 m, 16.8.1984 (fl. ♂).
Müller 1, *3*, Népoui, Pindaï, 10-20 m, 24.9.1990 (juv.) Z ; *2*, idem (fl. ♀, j.fr.).
Veillon 6564, Népoui, Pindaï, 100 m, 18.11.1987 (fl. ♀) ; *6873*, Presqu'île Montagnès, 150 m, 5.9.1988 (bout.) ; *6901*, Poya, Nékoro, 5 m, 28.9.1988 (fl., fr.) ; *7398*, Poya, Népouiri, 10 m, 9.7.1991 (fl. ♀) ; *7399*, idem (fr.).

5. **Cassine parvifolia** I.H. Müller, *sp. nov.*

Frutex erectus, 0,3-1 m altus, ramis teretibus, atris, partim obtectis strato niveo, longitudinaliter costati. Folia alterna ; petiolus 2-5 mm longus, robustus ; lamina coriacea, 3,5-5(-7) × 1,7-2,5(-3) cm, obovata, ovata, vel late ovata, apice obtuso, rotundato, basi in petiolum angustata vel cuneiformi, margine revoluto, ± crenato, supra viridis, subtus pallide viridis, nitens, costa paulo prominente, venis primariis et secundariis utrinque distinctis, tertiariis interdum distinctis ; stipulae lanceolatae, circa 0,75 × 0,25 mm, atrae.

Cymae multipares, 1-1,8 cm longae, axillares, foliis breviores, bracteis 1-1,5 × 0,5 mm lanceolatis, bracteolis circa 0,25 × 0,1 mm triangularibus, apice acutis, pedunculis primariis 0,7-1,2 cm longis, secundariis 1,5-4 mm longis, articulatis, pedicellis 1-1,5 mm, articulatis. Flores bisexuales, 3-4 mm diam., viriduli ; sepala viridia, rotundata, circa 0,75 × 1 mm ; petala linguiformia, 1,75-2 × 1-1,5 mm, margine irregulariter sinuato vel denticulato ; stamina filamentis subulatis et amplis, circa 0,5 mm longis, antheris 0,25 mm longis, late ovatis, apice obtusis, subbasifixis ; discus indistincte 5-costatus, elobatus, complanatus, carnosus ; ovarium circa 1 mm longum, conicum, adnatum ad discum pro parte circa 1/2-1/3, triloculare, ovulis pro loculo 2, stylo columnari, stigmate trilobato.

Drupa atra, subsphaeroidea ; exocarpium carnosum ; endocarpium lignosum, bi- vel triloculare per abortionem, 10-11 × 8-9 mm. Semina, 1 pro loculo, ferruginea, ovata, lateraliter complanata, basaliter acuta, 5-7 × 3 mm, testa reticulata.

Arbrisseau dressé, de 0,3-1 m, à écorce noire, assez rugueuse, pourvue de côtes longitudinales, tachée de blanc ; rameaux ± cylindriques. *Feuilles* alternes, coriaces, vert foncé au-dessus, vert clair au-dessous, brillantes ; pétiole de 2-5 mm, robuste ; limbe obové, ové à largement ové, de 3,5-5(-7) × 1,7-2,5(-3) cm, à base cunéiforme ou atténuée, à sommet obtus, arrondi, à marge ± crénelée, révolutée ; nervure médiane faiblement saillante, nervures secondaires et tertiaires visibles des deux côtés, nervilles parfois distinctes ; stipules lancéolées, de 0,75 × 0,25 mm env., noires, lancéolées.

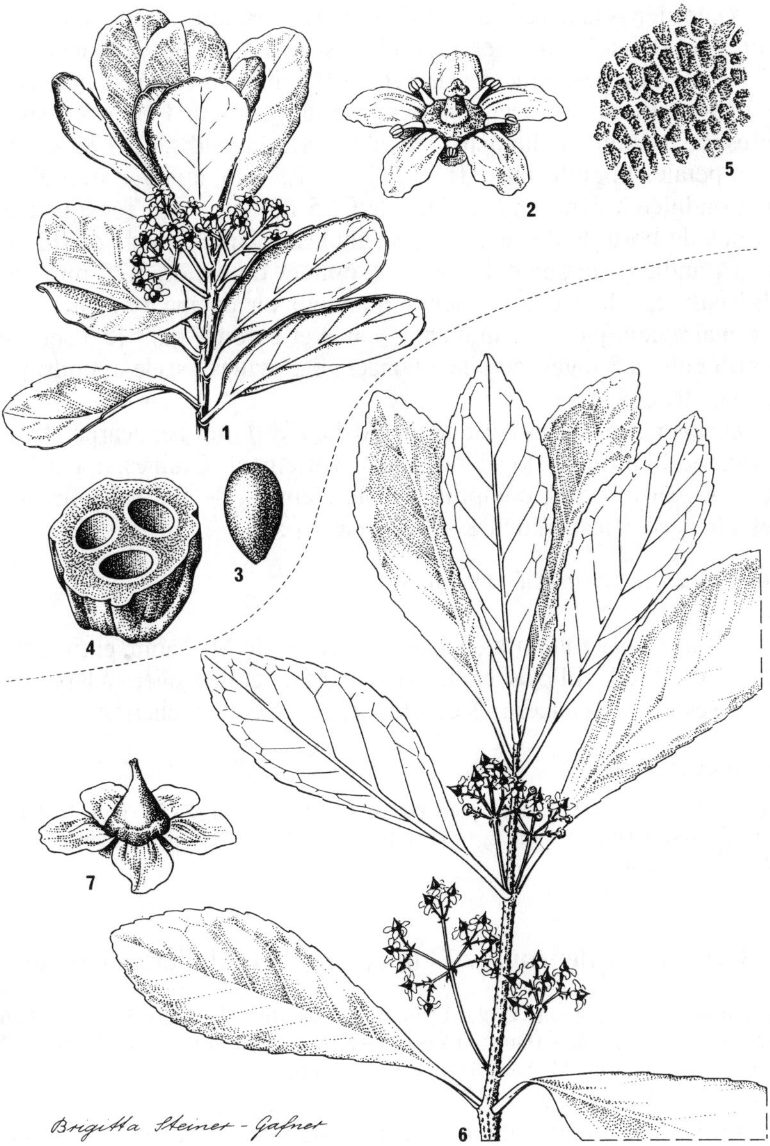

Pl. 5. – **Cassine parvifolia** I.H. Müller : **1**, rameau florifère × 1 ; **2**, fleur × 6 ; **3**, fruit en coupe transv. × 2 ; **4**, graine × 2 ; **5**, détail du testa (1, 2, *MacKee 20990* ; 3-5, *MacKee 37830*). – **C. curtipendula** (Endl.) Kuntze : **6**, rameau florifère × 1 ; **7**, fleur ♀ × 6 (6, 7, *MacKee 31423*).

Inflorescences en cymes multipares, longues de 1-1,8 cm, axillaires, ne dépassant pas les feuilles ; axes articulés, pédoncules primaires de 0,7-1,2 cm, axes secondaires de 1,5-4 mm ; pédicelles de 1-1,5 mm, articulés ; bractées de 1-1,5 × 0,5 mm, lancéolées ; bractéoles de 0,25 × 0,1 mm env., triangulaires, à sommet pointu. Fleurs bisexuées, vertes, de 3-4 mm de diamètre : sépales verts, arrondis, de 0,75 × 1 mm env. ; pétales linguiformes, de 1,75-2 × 1-1,5 mm, à marge irrégulièrement ondulée à dentée ; étamines de 0,75 mm env., insérées juste au-dessous du bord du disque, à filets subulés et larges, longs de 0,5 mm env., à anthères largement ovées, à sommet obtus, de 0,25 mm env., sub-basifixes ; disque faiblement 5-anguleux ou à peine lobé, plat, charnu ; ovaire conique, de 1 mm env., soudé et enfoncé dans le disque sur 1/2-1/3 env., à 3 loges, contenant chacune 2 ovules ; style cylindrique ; stigmate trilobé.

Drupe noire, sub-sphérique, de 10-11 × 8-9 mm ; exocarpe charnu, endocarpe lignifié ; 3 loges ou 2 par avortement. Graines, 1 par loge, brun rougeâtre, ovées, comprimées latéralement, de 5-7 × 3 mm, pointues à la base, à testa réticulé. - Pl. **5** ; carte p. 25.

TYPE : *MacKee 20990* (holo-, P! ; iso-, Z!).

Cassine parvifolia n'a été trouvée que sur le Mt Taom, entre 800 et 1000 m d'altitude. Elle est caractérisée par ses feuilles ovées à largement ovées, ses inflorescences très courtes et ses fruits bien charnus.

MATÉRIEL ÉTUDIÉ :

MacKee 20990, Taom, Mt Homédeboa, 800 m, 16.10.1969 (fl.) ; *24561*, ibid., 3.11.1971 (fr.) ; *37166*, Mt Taom, Crête E, 1000 m, 13.7.1979 (fl.) ; *37830*, ibid., Contrefort NW, 900 m, 8.2.1980 (fr.).

6. **Cassine bupleuroides** (Guillaumin) I.H. Müller, *comb. nov.*

– *Gymnosporia bupleuroides* GUILLAUMIN, Bull. Mus. Hist. Nat. Paris, **32** : 231 (1926).
– *Maytenus bupleuroides* (GUILLAUMIN) LOES., Nat Pflanzenfam., ed. 2, **20b** : 137 (1942) ; GUILLAUMIN, Fl. Anal. Synopt. Nouv.-Caléd. : 195 (1948).

Arbrisseau dressé, de 1-3 m, à écorce noire, tachée de blanc ; rameaux ± cylindriques, pourvus de côtes longitudinales à l'état juvénile. *Feuilles* alternes, groupées vers le sommet des rameaux, très coriaces, vert foncé au-dessus, vert clair au-dessous, brillantes ; pétiole de 3-12 mm ; limbe oblong à spatulé, de 2,5-7 × 0,5-1,3(-2) cm, à base atténuée, à sommet arrondi, à marge entière ou faiblement dentée dans la partie supérieure (3-5 dents), fortement révolutée ; nervure médiane saillante au-dessous, nervures secondaires et tertiaires pas ou peu distinctes ; stipules lancéolées, de 0,75 mm, noirâtres.

Inflorescences en cymes ombelliformes, longues de 4-11 cm, dépassant les feuilles, axillaires et/ou terminales, à axes articulés ; pédoncules primaires de 2-8 cm, axes secondaires de 0,5-2,5 cm, minces ; pédicelles de 1-1,5 mm ; bractées et bractéoles de 0,5 mm env., lancéolées. Fleurs bi- ou unisexuées (plantes andromonoïques), de 2,5-3,5 mm de diamètre : sépales verts, suborbiculaires, de 0,5-0,75 × 1 mm, minces ; pétales linguiformes, un peu lobés, de 1,2 × 1 mm env., épais à la base, à marge entière ou un peu dentée ; étamines de 0,5 mm env., insérées au bord du disque, recurvées à l'anthèse, à filets subulés et larges, longs de 0,25 mm env., à anthères largement ovées, sub-basifixes, à sommet obtus, de 0,25 mm env. ; disque à 5 petits lobes, plat, charnu, faiblement sillonné ; ovaire de 0,9-1 mm, sub-sphérique, conique, soudé et enfoncé dans le disque sur 1/2-3/4 env., 2-3-loculaire, contenant 2 ovules par loge ; style cylindrique ; stigmate punctiforme, légèrement lobé. Fleurs ♂ : ovaire atrophié, en forme d'ombilic.

Drupe verte, obovoïde à sub-sphérique, de 11-15 × 9-11 mm, à style persistant ; exocarpe coriace, endocarpe lignifiée ; 2-3 loges. Graines, 1 par loge, ± ovées, comprimées latéralement, pointues à la base, de 5,5-6 × 2,5-3,5 mm, à testa réticulé, brunes. – Pl. **2** p. 19 ; carte p. 16.

TYPE : *Franc 27A* (holo-, P!).

Cassine bupleuroides est localisé dans le sud de la Nouvelle-Calédonie, région de Yaté et de la Baie des Pirogues, en forêt littorale et forêt-galerie, sur terrain serpentineux, entre 20 et 100 m d'altitude.

Cette espèce est facilement reconnaissable à ses feuilles très coriaces, spatulées et fortement révolutées, à ses inflorescences minces, dépassant les feuilles.

MATÉRIEL ÉTUDIÉ :

Franc 27A, Yaté, déc. 1915 (fl.) ; *2041*, ibid., 15.1.1916 (bout.) ; *2060*, ibid., déc. 1915 (fl. ♂).

MacKee 15358, Baie des Pirogues, 20 m, 24.7.1966 (j.fr.) ; *16227*, Yaté, 100 m, 4.1.1967 (fr.) ; *16396*, Baie des Pirogues, 8.2.1967 (fl., j.fr.) ; *29965*, Yaté, Kuébini, 20 m, 2.4.1975 (bout.) ; *41236*, Yaté, 100 m, 7.2.1983 (fl.) ; *41628*, ibid., 3.7.1983 (fr.) ; *42305*, ibid., 7.10.1984 (fr.).

McPherson 3956, N Baie des Pirogues, 20 m, 24.7.1981 (fr.).

Schmid 2754, Yaté, 18.3.1969 (fr.).

En observation

Les fleurs des *Cassine* de Nouvelle-Calédonie se ressemblent beaucoup et les fruits mûrs sont nécessaires pour la détermination. Dans la région de Koumac, il existe une population, trouvée en fleurs, mais sans fruits mûrs, présentant des caractères végétatifs partiellement différents de ceux des espèces déjà décrites. Comme il existe des spécimens intermédiaires qui peuvent être des hybrides, nous n'avons pas osé établir de taxon.

Matériel étudié :

MacKee 5518, *5539*, Mt Kaala, 500 m, 20.10.1956 (j.fr.) ; *6498*, ibid., 350 m, 8.9.1958 (fl.) ; *15577*, ibid., 10 m, 8.9.1966 (fl. ♀, j.fr.) ; *16119*, ibid., 24.12.1966 (j.fr.) ; *17505*, ibid., pente SW, 700 m, 10.9.1967 ; *17507*, idem (j.fr.) ; *19610*, *19612*, Tinip, 10 m, 29.9.1968 (fl., j.fr.) ; *24554*, ibid., 3.11.1971 (fr.).
Webster & Hildreth 14742, Mt Kaala, 600 m, 11.8.1968 (fl. ♀).

Espèce exclue

Elaeodendron humboldtianum Guillaumin = **Oncotheca humboldtiana** (Guillaumin) Morat & Veillon (*Oncothecaceae*).

3. PLEUROSTYLIA Wight & Arnott

Prodr. Ind. Orient. : 157 (1834) ; Wight, Icon. Ind. Orient. **1**, *tab.* 155 (1839) ; Pancher & Sébert *in* Sébert, Rev. Marit. Colon. **41** : 209 (1874) ; Trimen, Handb. Fl. Ceylon **1** : 270 (1893) ; Hook. f., Icon. **23**, *tab.* 2297 (1894) ; Loes., Nat. Pflanzenfam., ed. 2, **20b** : 180 (1942) ; Guillaumin, Fl. Anal. Synopt. Nouv.-Caléd. : 195 (1948) ; Ding Hou, Fl. Males., ser. 1, **6** : 287 (1962) ; Jessup, Fl. Australia, **22** : 178 (1984).
– *Pleurostylis* Walp., Repert. **1** : 536 (1842), *orth. var.*
– *Cathastrum* Turcz., Bull. Soc. Imp. Naturalistes Moscou **31**(1) : 448 (1858).

Arbrisseaux dressés ou arbres ; rameaux ± cylindriques. *Feuilles* pétiolées, opposées-décussées, ± coriaces, ovées, à marges entières ou légèrement sinuées, rarement faiblement serretées ; stipules petites, caduques.

Inflorescences en cymes réduites à 1 fleur ou multiflores, souvent groupées en boules. Fleurs bisexuées, petites, verdâtres, à pédicelle articulé. Sépales et pétales 5 (ou parfois 4), à préfloraison quinconciale. Étamines 5, insérées au-dessous et hors du disque ; filets subulés, parfois épais ; anthères ovoïdes, à déhiscence introrse, sub-basifixes, à connectif épais. Disque épais, charnu, étalé, faiblement patelliforme, à 5 angles ou

5 lobes alternant avec les étamines. Ovaire libre ou soudé au disque seulement légèrement à la base, lagéniforme, généralement uniloculaire par avortement précoce ou biloculaire ; 2 [- 8] ovules anatropes par loge ; style très court ; stigmate capité ou faiblement scutelliforme ou brièvement divisé.

Fruits : noix à style persistant, dur, situé sur le côté ; exo- et mésocarpe coriaces ; endocarpe crustacé, brillant à l'intérieur et irrégulièrement côtelé, se séparant facilement du mésocarpe, avec des fentes irrégulières autour de la base de la graine. Graines, 1 (ou 2) par la loge, dressées, exarillées, à testa coriace ; albumen blanchâtre, copieux, charnu ; embryon droit à cotylédons arrondis.

TYPE : *Pleurostylia wightii* Wight & Arn. (= *P. opposita* (Wall.) Alston)

Ce genre comprend 6 espèces distribuées dans les régions sub-tropicales et tropicales, en Afrique, à Madagascar, à Ceylan, en Indo-Malaisie et en Australie ; une seule a été trouvée en Nouvelle-Calédonie.

Pleurostylia opposita (Wallich) Alston

in TRIMEN, Handb. Fl. Ceylon **6** (Suppl.) : 48 (1931) ; MERR. & METCALF, Lingnan Sci. J. **16** : 394 (1937) ; DING HOU, Fl. Males., ser. 1, **6** : 288 (1962) ; JESSUP, Fl. Australia, **22** : 178 (1984).

- *Celastrus opposita* Wall. *in* ROXB., Fl. Ind., **2** : 398 (1824).
- *Pleurostylia heynei* WIGHT & ARN., Prodr. Ind. Orient. : 157 (1834). – Type : *Wight 486* (E-GL).
- *P. wightii* WIGHT & ARN., *l.c.* : 157 (1834) ; TRIMEN, Handb. Fl. Ceylon **1** : 271 (1893) ; LOES., Nat. Pflanzenfam., ed. 2, **20b** : 180 (1942) ; GUILLAUMIN, Fl. Anal. Synopt. Nouv.-Caléd. : 195 (1948). – Type : *Wight 481* (E-GL).
- *P. wightii* var. *neocaledonica* LOES., Bot. Jahrb. Syst. **39** : 171 (1906). – Lectotype (désigné ici) : *Balansa 960* (P!).
- *Elaeodendron microcarpum* C.T. WHITE & FRANCIS, Proc. Roy. Soc. Queensland **37** : 154 (1926) ; *fide* JESSUP, *l.c.* – Type : *J. Keys 603*, Mt Perry, Queensland (holo-, BRI).

Arbrisseau dressé ou arbre, de 1,5-8[-15] m, à écorce rougeâtre ou brun clair, assez rugueuse ; rameaux presque cylindriques, anguleux au stade jeune. *Feuilles* papyracées à coriaces, vert foncé au-dessus, vert clair au-dessous, brillantes ; pétiole de 1-4 mm ; limbe oblong, elliptique, ové à presque circulaire, de 2-5,5[-8] × 0,8-3[-5,5] cm, à base cunéiforme ou atténuée, à sommet obtus, pointu, arrondi ou rarement émarginé, à marge entière, le plus souvent révolutée ; nervation brochidodrome et réticulée, nervure médiane et nervures secondaires visibles des deux côtés, nervures tertiaires partiellement distinctes ; stipules de 0,2 mm env., brunâtres, irrégulièrement frangées et crevassées.

Inflorescences longues de 0,5-1,5 cm, axillaires, parfois terminales ou disposées en deux paires opposées ; pédoncules de 1,5-4 mm, articulés ; pédicelles articulés, de 1-2 mm ; bractées de 0,5-0,75 mm, largement triangulaires, à marge frangée ; bractéoles de 0,25-0,5 mm, lancéolées. Fleurs de 4 mm env. de diamètre : sépales verts, arrondis, de 0,5 × 0,75-1 mm, à marge irrégulièrement érodée ; pétales vert blanchâtre, linguiformes, de 1,25-1,5 × 1 mm, à sommet obtus ou pointu, à marge irrégulièrement dentée ; étamines de 1,2-1,5 mm, à filets blancs, subulés, de 0,7-1 mm, à anthères blanches, ovées à cordées, à sommet arrondi, parfois apiculé, de 0,5 mm env. ; disque vert, annulaire, lacuneux ; ovaire vert, de 1,5-1,8 mm, uniloculaire, contenant 1 (ou 2) ovules ; style large ; stigmate capité, légèrement 3-lobé.

Noix ellipsoïde à obovoïde, à sommet obtus, de 5-7 × 4-6 mm. Graines, 1 (ou 2) par fruit, brun foncé, dressées, ovoïdes, de 3,5-5 × 2-2,5 mm, à testa réticulé-strié. – Pl. **6** p. 35.

TYPE : *Wallich 4314*, Inde (K-W).

Pleurostylia opposita existe à Ceylan, en Inde du Sud, en Thaïlande, aux Iles Philippines, en Nouvelle-Guinée, en Australie et en Nouvelle-Calédonie. On le trouve dans les forêts claires humides, primaires ou secondaires ; en Nouvelle-Calédonie il est plus fréquent près de la côte, dans les forêts sèches et dégradées, plus rare dans les forêts-galeries. Il pousse sur terrain rocheux calcaire, du niveau de la mer à 250 m d'altitude.

Le beau bois de cette espèce est utilisé en Inde pour la fabrication de peignes. La plante contient un alcaloïde vénéneux. Les fleurs protogynes dégagent une légère odeur désagréable. Des larves d'insectes peuvent se développer dans les boutons et les pédicelles, causant un épaississement des parties atteintes de 2 à 3 fois leurs dimensions initiales ; cette attaque est parfois massive et peut toucher tous les boutons d'une plante, rendant plus difficile la détermination.

MATÉRIEL ÉTUDIÉ :

Balansa 570, Nouméa, sept.1868 (fl.) ; *960*, ibid., déc. 1868 (fl.) ; *960a*, Bourail, 5-29.3.1869 (fr.).
Baudouin 691, s. loc., 1869 (fl., fr.) ; *737*, s. loc., (fl., fr.).
Däniker 870a, Riv. Nomatch, 4.4.1925 (fl.) ; *870b*, Plaine de la Néhoué, 17.4.1925.
Debray 2492, Ile Pott, 11.12.1975 (fl.).
Deplanche s.n., Ile des Pins, (fl.) ; *8*, Canala, (fl.) ; *21*, s. loc., (fl.).
Jaffré 1940, Nouméa, Ouen Toro, août 1977 (fl.) ; *2405*, Plaine des Gaïacs, 26.2.1978 (fr.).
MacKee 12367, Nouméa, Montravel, 50 m, 3.4.1965 (fl.) ; *24739*, Nouméa, Baie Tina, 16.12.1971 (fl.) ; *25153*, ibid., 16.3.1972 (fl.) ; *26012*, Koumac, Ruisseau Grande

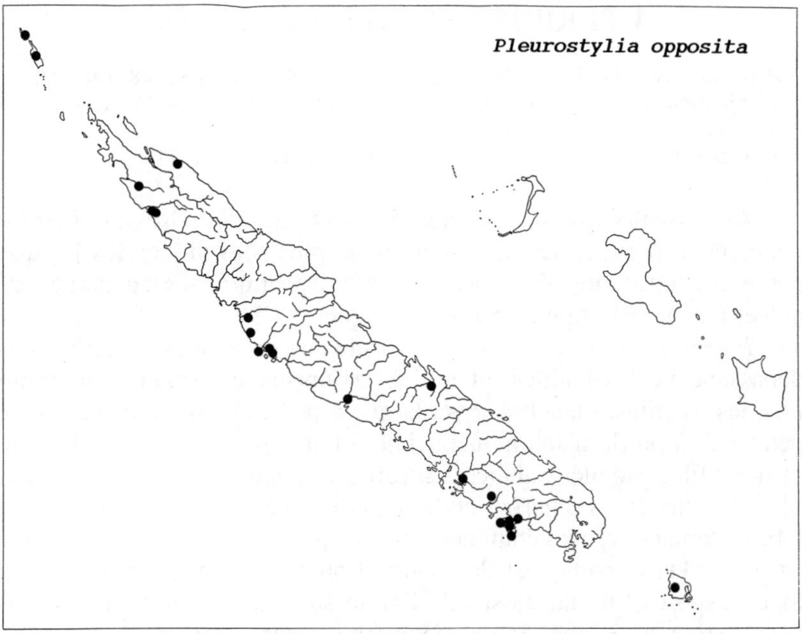

Forêt, 250 m, 1.12.1972 (fl.) ; *26313*, Pouembout, 100 m, 15.2.1973 (fl., fr.) ; *27435*, Koumac, Ruisseau Grande Forêt, 20.9.1973 (fr.) ; *29763*, Nouméa, Ouen Toro, 50 m, 15.2.1975 (fr.) ; *30068*, Népoui, Presqu'île de Mouéo, 5 m, 12.4.1975 (fl.) ; *30443*, N Ile Art, 220 m, 9.12.1975 (fl.) ; *40119*, Népoui, 10 m, 20.12.1981 (bout., fl.) ; *40987*, Tontouta, Presqu'île Montagnès, 50 m, 5.11.1982 (bout.) ; *43421*, leg. *Suprin*, Nouméa, Ouen Toro, 50 m, 20.1.1987 (fl.) ; *43849*, Ile Nou, Mt Téréka, 100 m, 1.12.1987 (fl.).

McPherson 5410, Dothio, 50 m, 27.1.1983 (fr.) ; *5560*, Nouméa, Ouen Toro, 75 m, 11.3.1983 (fl.).

Müller 58, Nouméa, Baie Tina, 16.10.1990 (bout.) Z ; *90*, Nouméa, Ouen Toro, 20 m, 18.10.1990 (fl., fr.) Z ; *107*, Nouméa, Pointe Magnin, 15-20 m, 29.10.1990 (fl., fr.) Z ; *221*, ibid., 17.11.1990 (fl., fr.) Z.

Lécard 114, s. loc. (bout.)

Pancher 126, s. loc. (fl., fr.). ; *s.n.* (*Mus. Néocal. 211*), s. loc., (fl., fr.) ; *s.n.* (*coll. bois 69*), Ilot aux Lapins (bout.).

Petit 173, s. loc. (fl.).

Schmid 5446, Nouméa, Ouen Toro, 29.11.1984 (fl.).

Schodde 5283, Nouméa, Anse Vata, 19.1.1968 (fl.).

Veillon 6600, Presqu'île de Népoui, 19.11.1987 (fl.).

Vieillard 337, Mt Mou, 1861-1867 (fl.) ; *337*, Balade, 1855-1860 (fl.) ; *337* (*Mus. Néocal. 211*), s. loc., BM.

Virot 828, Nouméa, Port Despointes, 40 m, 21.11.1942 (fl.) ; *911*, ibid., 13.12.1942 (fl.) ; *1119*, ibid., 14.6.1943 (fl.) ; *1494*, Ouen Toro, 40 m, 4.2.1945 (fl.) ; *1511*, ibid., base SW, 25.2.1945 (fr.).

Webster & Hildreth 14421, Ouen Toro, 120 m, 30.7.1968 (fl.).

4. **PERIPTERYGIA** (Baillon) Loesener

Bot. Jahrb. Syst. **39** : 168 (1906) ; BAKER f., J. Linn. Soc., Bot. **45** : 288 (1921) ; LOES., Nat. Pflanzenfam., ed. 2, **20b** : 164, fig. 47 (1942) ; GUILLAUMIN, Fl. Anal. Synopt. Nouv.-Caléd. : 194 (1948).
– *Pterocelastrus* sect. *Peripterygia* BAILL., Adansonia **11** : 267 (1874).

Arbrisseaux dressés ; rameaux ± cylindriques, dressés. *Feuilles* pétiolées, à presque sessiles, alternes, le plus souvent serrées les unes contre les autres, dressées, coriaces, ovées à spatuliformes, à marges crénelées à dentées ; stipules petites, caduques.

Inflorescences axillaires et/ou terminales, en thyrses pauciflores, ne dépassant pas les feuilles. Fleurs bi- ou unisexuées (plantes andromonoïques), petites, blanches à verdâtres, à pédicelle articulé. Sépales et pétales 5, à préfloraison quinconciale. Étamines 5, insérées au bord du disque ; filets subulés ; anthères cordiformes, introrses, basifixes, versatiles. Disque épais, charnu, étalé, patelliforme, à 5 angles ou 5 petits lobes alternant avec les étamines. Ovaire enfoncé et soudé dans le disque sur 1/2-1/3 env., conique, triloculaire ; 1 ou 2 (ou 3) ovules anatropes par loge, disposés l'un au-dessus de l'autre sur l'angle interne ; style très court ; stigmate 3-lobé. *Fleurs* ♂ à ovaire stérile, atrophié.

Fruits : capsules lignifiées, loculicides, s'ouvrant seulement dans le 1/4 supérieur. Graines discoïdes, pourvues d'une aile annulaire, à testa crustacé-lignifié, exarillées ; albumen blanchâtre, copieux, charnu ; embryon droit à cotylédons ovés.

TYPE : *Peripterygia marginata* (Baillon) Loes.

Ce genre monotypique est endémique de Nouvelle-Calédonie.

Peripterygia marginata (Baillon) Loesener

Bot. Jahrb. Syst. **39** : 169 (1906) ; BAKER f., J. Linn. Soc., Bot. **45** : 288 (1921) ; LOES., Nat. Pflanzenfam., ed. 2, **20b** : 164 (1942) ; GUILLAUMIN, Fl. Anal. Synopt. Nouv.-Caléd. : 194 (1948).
– *Pterocelastrus marginatus* BAILL., Adansonia **11** : 266 (1874). – Syntypes : *Deplanche 464* (P!), *Pancher s.n.* (P!).

Arbrisseau dressé, de 0,3-4 m, à écorce grise à noirâtre, à fortes côtes longitudinales robustes, souvent tachée de blanc ; rameaux presque cylindriques. *Feuilles* coriaces, vert clair brillant au-dessus, vert clair au-dessous, souvent rouges à l'état juvénile ; pétiole de 1-5 mm ; limbe ové, obové à spatulé, de (1,8-)3,5-7 × (0,8-)1,5-3 cm, à base atténuée, à som-

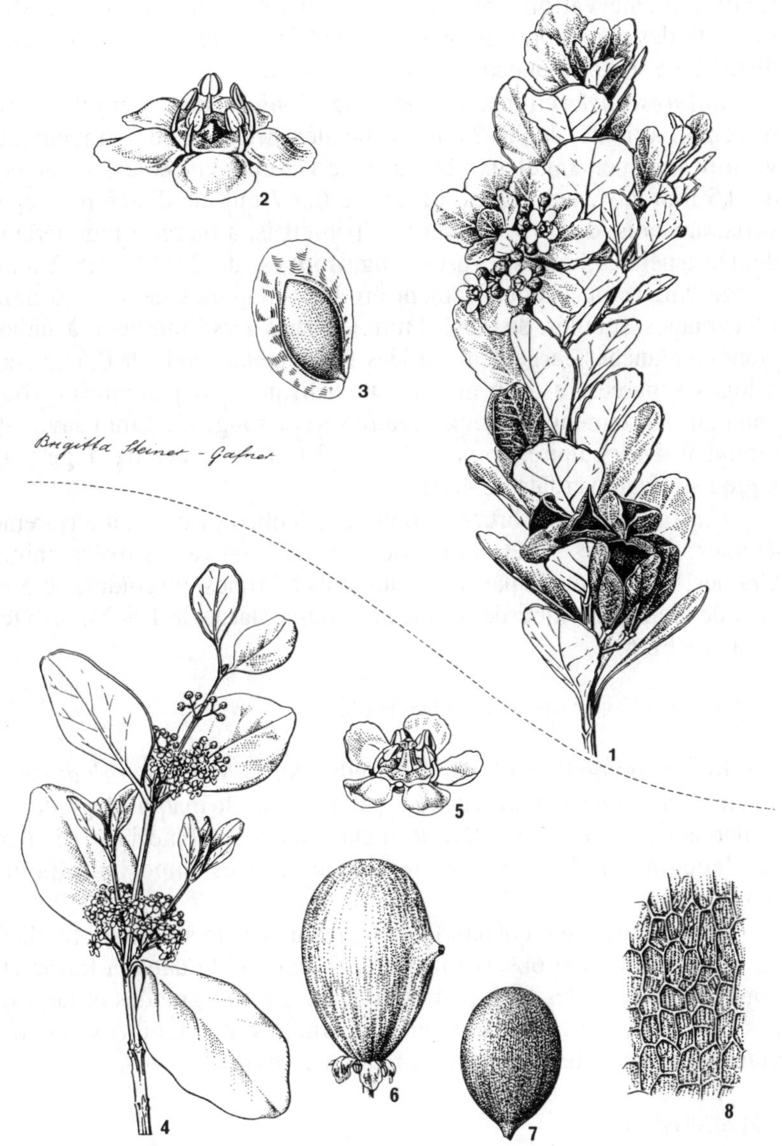

Pl. 6. – **Peripterygia marginata** (Baill.) Loes. : **1**, rameau feuillé avec fleurs et fruits × 1 ; **2**, fleur × 6 ; **3**, graine × 3 *(Müller 10)*. – **Pleurostylia opposita** (Wall.) Alston : **4**, rameau florifère × 1 ; **5**, fleur × 6 ; **6**, noix × 6 ; **7**, graine × 6 ; **8**, détail du testa (4, 5, *Müller 221* ; 6-8, *MacKee 29763*).

met arrondi, obtus ou émarginé, à marge crénelée ou à dents obtuses, révolutée ; nervation brochidodrome et réticulée, nervure médiane saillante des deux côtés, nervures secondaires et tertiaires partiellement distinctes ; stipules lancéolées, de 0,5 mm env.

Inflorescences en thyrses contractés, longues de 1-3 cm ; axe inflorescentiel articulé, de 0,6-2 cm ; pédicelles articulés, de 3 mm env., claviformes, un peu anguleux ; bractées de 1-2 mm, lancéolées ; bractéoles de 0,5 mm env., lancéolées. Fleurs de 6,5-7 mm de diamètre : sépales verts, arrondis, de 0,75 × 1 mm, un peu épais, à marge irrégulièrement dentée ; pétales blancs à roses, linguiformes, de 2-2,5 × 1,8-2 mm, à marge entière ou irrégulièrement érodée ; étamines de 1,1-1,6 mm, à filets blancs, subulés, de 0,5-1,2 mm, courbés vers l'intérieur, à anthères jaunes à blanches, largement cordées, à sommet arrondi, de 0,5 mm env., à loges séparées jusqu'à mi-hauteur ; disque vert jaunâtre ou rouge, annulaire, fortement lacuneux ; ovaire vert ou rouge, de 1 mm env., 3-(ou rarement 4-) loculaire, contenant 1 ou 2 (ou 3) ovules par loge ; style large ; stigmate verdâtre, 3-lobé.

Capsule lignifiée, brune, ± oblongue à obcordiforme, à 3 (rarement 4) ailes, de 9-30 × 11-20 mm, s'ouvrant en 3 (4) valves ovées, minces. Graines, 1 ou 2 (ou 3) par loge, jaunâtres à brunes, discoïdes, de 5 mm env. de diamètre, entourées d'une aile souple, large de 1,5-2 mm, à testa aréolé. – Pl. **6**.

LECTOTYPE (désigné ici) : *Deplanche 464* (P!).

Rencontré de 0 à 1050 m d'altitude, *Peripterygia marginata* est lié aux terrains miniers et pousse fréquemment dans le maquis dégradé ; non seulement cette espèce tolère le nickel, mais présente la particularité de l'accumuler. Plante pionnière, elle est très importante pour le reboisement.

Cette espèce se reconnaît facilement au port dressé de ses feuilles et de ses rameaux. On observe une grande variabilité dans la forme et la grandeur des feuilles (très petites et étroites à très grandes et larges) et des fruits. On trouve de petits pieds malingres, peu feuillées, à côté de grands individus, buissonnants, à feuillage très dense.

MATÉRIEL ÉTUDIÉ :

Aubréville & Heine 39, s. loc., 20.6.1965 (fr.).
Balansa 418, Prony, sept. 1868 (fl., fr) ; *1291*, Bourail, 11.4.1869 ; *1791*, Port Bouquet, Messioncoué, 22.9.1869 (fr.).
Bamps 5726, Dumbéa, Barrage, 140 m, 10.11.1977.
Baudouin 639, s. loc. (fl., fr.).

Baumann 5566, Col de Plum, 22.8.1950 (bout.) ; *13497*, Ile des Pins, Pic Nga, 26.5.1951 (fl.) ; *13511*, idem (fr.) ; *14902*, Mt Bouo, 28.7.1951 ; *15754*, ibid., 6.11.1951 (fl.) ; *15825*, Baie des Pirogues, 2.12.1951 (fl.).
Bernardi 9522, Mt Dzumac, 600 m, 8.7.1965 (fr.) ; *10053*, Ile des Pins, Pic Nga, 150 m, 18.7.1956 (bout.).
Blanchon 570, Mtagne des Sources, 23.1.1964 (fl.) ; *817*, entre Thio et Port Bouquet, 14.5.1964 (fr.) ; *910*, Vallée de Boulari (fr.) ; *1104*, Col de Mouirange (fl., fr.) ; *1154*, route de Yaté, Ouénarou (fl.).
Brinon 690, Vallée de Thy, 250 m, 30.4.1980.
Buchholz 1769, Dumbéa N, 100 m, 6.3.1948 (fr.).

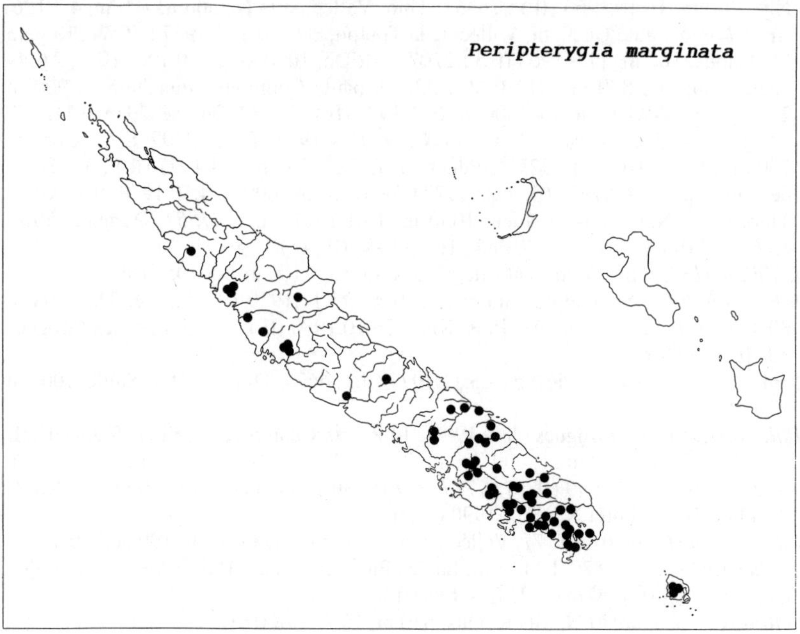

Cayrol 89, Mts Koghis, 700-900 m, 6.12.1984 (fl.)
Caldwell s.n., s. loc., 1868, K.
Compton 410, Dumbéa, 28.2.1914, BM ; *701*, Mt Dore, 4.4.1914 (fr.), BM ; *902*, Kouakoué, 10.10.1914, BM ; 2165, Riv. Comboui, 0-80 m, 26.10.1914, BM.
Cribs 1601, Prony, 100 m, 30.11.1904 (fr.).
Däniker 816, Mt Dore, 18.12.1924 (fl.).
Denizot s.n., Mt Dore, 7.7.1961.
Deplanche 464, s. loc. (fr.).
Franc 10, Riv. Ouanéoué, 200-500 m, oct.1906 (fl., fr.) ; *22*, Dumbéa, 25.10.1911 (fl.) ; *1556A*, Prony, sept. 1913 (fl.) ; *2302*, s. loc. (fl.).

Germain s.n., Ile des Pins, 1874-76 (fl.).
Godefroy (*herb. d'Alleizette s.n.*), Dumbéa, nov. 1910 (fl.).
Guillaumin & Baumann 7908, Col de Plum, 8.11.1950 (fl.) ; *10838*, Riv. Blanche, 22.2.1951 ; *11316*, Mt Dore, 12.3.1951 ; *13076*, *13130*, *13167*, Couvélée, 9.5.1951.
Hürlimann 165, Mt Bouo, 19.11.1950 (fl.).
Jaffré 3185, Mé Maoya, 900 m, 30.11.1992 (fl., fr.).
Le Rat 76, Mt Mou, janv. 1902 (fl.) ; *93*, Prony, 1900-1910 (fr.) ; *312*, Dumbéa, janv. 1903 (fl.) ; *658*, Mt Mou, (fl.) ; *989*, Dumbéa, sept. 1909 (fl.).
MacDaniels 2399, Mtagne des Sources, 800 m, 12.1.1949 (fl.) ; *2521*, Plaine des Lacs, 400 m, 14.12.1949 (fl.).
MacGillivray 852, *853*, Ile des Pins, 8.10.1853, K.
MacKee 1041, *1046*, Col de Plum, 3.10.1954 (fl.) ; *3240*, S Riv. des Pirogues, 200 m, 15.10.1955 (fl.) ; *9812*, Mt Dzumac, 900 m, 23.12.1962 (fl.) ; *15825*, Ile des Pins, Pic Nga, 200 m, 14.10.1966 (fl.) ; *16467*, Thio, Vallée de la Nembrou, 100 m, 4.3.1967 (fr.) ; *17875*, haute Ouenghi, Vallée de la Tontou, 800 m, 6.11.1967 ; *19576*, Kopéto, Mt Tiaoué, 800 m, 17.9.1968 (fr.) ; *21072*, Mt Do, 1000 m, 28.10.1969 (fl.) ; *21249*, haute Kouaoua, 800 m, 3.12.1969 ; *23119*, haute Comboui, Branche SW, 900 m, 23.12.1970 ; *24879*, Mt Do, 1000 m, 26.1.1972 (fl.) ; *27742*, Ouinné, 20 m, 9.11.1973 (fl.) ; *28498*, leg. *Sévenet*, Prony, Ile Casy, 15.4.1974 (fl.) ; *32109*, S Mt Goroaté, 700 m, 25.10.1976 (fl.) ; *32559*, Pouembout, Tiéa, 350 m, 1.1.1977 (fl.) ; *33761*, Ile des Pins, 100 m, 7.9.1977 (fl., fr.) ; *35774*, W Mt Taom, 600 m, 4.10.1978 (fl.) ; *38582*, Thio, Crête Nembrou-To Ndeu, 1050 m, 13.1.1981 (fl.) ; *41554*, Dumbéa, 50 m, 13.6.1983 (bout., fr.) ; *41660*, ibid., 16.10.1983 (fl., fr.).
McMillan 5189, entre Nouméa et Mtagne des Sources, 100 m, 1.8.1952 (fr.).
McPherson 2067, Mtagne des Sources, 750 m, 15.11.1979 (fl.) ; *2624*, Thy, 300 m, 30.4.1980 (fr.) ; *3284*, Ile des Pins, Kuto, 26.10.1980 (fl.) ; *4275*, Riv. des Pirogues, 30.10.1981 (fl.).
Morat 5746, Ile des Pins, Pic Nga, 23.11.1977 (fl.) ; *6673*, Thio, Forêt de Saille, 1000 m, 13.1.1981 (fl.).
Müller 8, *9*, Riv. des Pirogues, 28.9.1990 (fl.) Z ; *10*, Champ de Bataille, 28.9.1990 (fl.) Z ; *20*, Vallée de la Ouinné, 600-700 m, 3.10.1990 (fr.) Z ; *104*, *105*, Ile des Pins, Pic Nga, 100 m, 24.10.1990 (fl., fr.) Z ; *137*, *138*, Mt Koniambo, 550-600 m, (fl., fr.) Z ; *220*, Port Boisé, Forêt N, 18.11.1990 (fl., fr.) Z.
Müller & Boucheron 61, *62*, *71*, Vallée de la Tontouta, 700 m, 17.10.1990 (fl., fr.).
Pancher s.n., s. loc., *1870*, BM ; *s.n.*, Ile des Pins, (fr.) ; *s.n.* (*Mus. Néocal. 211*), s. loc. (fl., fr.) ; *s.n.* (*Mus. Néocal. 212*), s. loc. (fl.).
Phillips & R. Schmid 3033, Mts Koghis, 550 m, 16.7.1978 (fr.).
Schlechter 15266, Ngoye, 150 m, 11.11.1902 (bout.).
Schmid 4072, Koniambo, Riv. Rouge, 17.11.1971 (fl.).
Stauffer et al. 5785, Boulinda, 300 m, 10.3.1964 (fr.) Z ; *5786*, idem (bout.) Z.
Suprin 519, Dumbéa, 17.4.1980 (fr.) ; *2210*, Mt Mou, 800 m, 11.7.1983 (fl., fr.).
Thorne 28253, Mt Koniambo, 24.10.1959 (fl.) ; *28463*, Riv. Tontouta, 3.11.1959 (fl.).
Vieillard 223, Mt Dore, 1855-60 (fl., fr.) ; *223*, Gatope, 1861-67 (fr.) ; *223*, Canala, 1861-67 (fr.).
Virot 324, Mt Dzumac, 400 m, 16.10.1940 ; *367*, Tontouta, 50 m, 14.12.1940 (fr.) ; *1057*, Ile des Pins, Pic Nga, 1.3.1943 (fl., fr.).
Webster 18362, Ile des Pins, Pic Nga, 30 m, 20.7.1973 (fl., fr.).
Webster & Jaffré 19226, Mt Boulinda, Riv. Ouha, 100-200 m, 12.12.1973 (fl.) ; *19255*, Mt Koniambo, 500 m, 13.12.1973 (fl.).
White 2187, Baie des Pirogues, 24.10.1923, K.

5. **MENEPETALUM** Loesener

Bot. Jahrb. Syst. **39** : 163 (1906) ; Nat. Pflanzenfam., ed. 2, **20b** : 155 (1942) ; GUILLAUMIN, Fl. Anal. Synopt. Nouv.-Caléd. : 194 (1948).

Arbrisseaux dressés ou petits arbres ; rameaux anguleux. *Feuilles* pétiolées, opposées-décussées, membraneuses à coriaces, ovées, obovées à elliptiques, à marges ± crénelées ou serretées ; nervation brochidodrome et réticulée ; stipules absentes.

Inflorescences axillaires et/ou cauliflores ; fleurs solitaires ou fascicules simples ou composés de dichasia simples ou doubles. Fleurs unisexuées, rarement bisexuées, petites, blanc jaunâtre à verdâtres, à pédicelle articulé. Sépales 5, à préfloraison quinconciale, arrondis. Pétales 5, à préfloraison contortée, oblongs, ovés à sub-circulaires, ± lobés. Étamines fertiles 5, insérées au-dessous et hors du disque ; filets ± subulés ou courts et ± rubanés et larges ; anthères ovées à cordées, à sommet obtus, à déhiscence introrse, dorsi-ou basifixes, ± versatiles. Disque épais, charnu, étalé, annulaire, plat à patelliforme, ± anguleux ou à 5 lobes alternant avec les étamines. Ovaire soudé et enfoncé dans le disque sur 1/2-1/3 env., conique à sub-sphérique, parfois vaguement anguleux, 3-loculaire ; 2 ou 6 ovules anatropes par loge, insérés basalement ; style cylindrique ou indistinct ; stigmate capité ou à 3 petits lobes parfois bifides. *Fleurs* ♂ à ovaire stérile, en forme de petit ombilic, parfois à loges contenant des ovules avortés. Fleurs ♀ à petits staminodes sessiles.

Fruits : capsules sub-sphériques, oblongues à obcordiformes, loculicides, pourvues d'un style persistant. Graines, 1-5 par loge, dressées, ovoïdes, ± comprimées et anguleuses, à testa coriace, scalariforme, basalement ou totalement enveloppées d'un arille de couleur claire ou orange, souvent découpé en haut et de côté ; albumen blanchâtre, copieux, charnu ; embryon droit à cotylédons ovés.

TYPE : *Menepetalum cassinoides* Loes.

Ce genre endémique, qui comprend 4 espèces, se trouve surtout en forêt humide ou forêt à mousse, mais aussi en maquis dégradé, généralement sur terrain serpentineux, entre 500 et 1600 m d'altitude.

Menepetalum est caractérisé par ses feuilles opposées-décussées, ses rameaux fortement anguleux et par son pollen rugulé. LOESENER (1906) avait distingué deux sous-genres : *Pseudomaytenus* à feuilles longues de 5-10 cm, brunes sur le sec, à pétales triangulaires à ovés, à large insertion, ne se touchant presque pas dans le bouton ; *Eumenepetalum* à feuilles plus courtes, non ou légèrement brunes sur le sec, à pétales sub-sphériques, à insertion plus étroite et à préfloraison imbriquée. Pour *Pseudomaytenus*, LOESENER n'avait pas de spécimens en fruits à sa disposition. L'examen de nouvelles récoltes ne permet pas de maintenir la division du genre.

CLÉ DES ESPÈCES

1. Feuilles à marge grossièrement serretée, subsessiles ou à pétiole de 1-3 mm. . . . . 1. *M. cassinoides*

1'. Feuilles à marge ± crénelée, à pétiole net, de 2-12 mm.

2. Étamines de 0,5 mm, à filets longs de 0,2-0,25 mm, épais et larges ; ovaire à 3-6 ovules par loge . . . . 2. *M. cathoides*

2'. Étamines de 1 mm env., à filets subulés, longs de 0,5-0,75 ; ovaire à 2 ovules par loge.

3. Fascicules de fleurs simples. Capsule ≤ 3,5 mm. . . . . 3. *M. salicifolium*

3'. Fascicules de fleurs simples et/ou de dichasia simples ou doubles. Capsule ≥ 5 mm. . . . . 4. *M. schlechteri*

CARACTÉRISTIQUES PRATIQUES

M. cassinoides CAS, *cathoides* CAT, *salicifolium* SAL, *schlechteri* SCH, *schlechteri* subsp. *crassiusculum* CRA

Feuilles

Texture nettement coriace.	CAS/CRA
Texture papyracée.	CAT/SAL
Pétiole de 0-3 mm.	CAS/CAT/CRA
Pétiole de 4-12 mm.	SAL/SCH
Marge serretée.	CAS
Marge crénelée.	CAT/CRA/SAL/SCH

Fleurs

Étamines de 0,5 mm env., à filets larges, longs de 0,2-0,25 mm.	CAS/CAT
Étamines de 1 mm env., à filets subulés, longs de 0,75 mm.	CRA/SAL/SCH
Ovaire à 2 ovules par loge.	CAS/CRA/SCH/SAL
Ovaire à 3-6 ovules par loge.	CAT
Style cylindrique, à stigmate à 3 lobes bifides.	CRA/SCH
Stigmate sessile, capité.	CAS/CAT

Fruits

Graines de longueur ≤ 2,5 mm.	CAT/SAL
Graines de longueur ≥ 3 mm.	CAS/CRA/SCH
Valves ≤ 3,5 × 3 mm.	SAL
Valves ≥ 5 × 5 mm.	CAS/CAT/CRA/SCH
Arille basale.	CAS
Arille enveloppant les graines.	CAT/CRA/SAL/SCH

1. **Menepetalum cassinoides** Loesener

Bot. Jahrb. Syst. **39** : 166 (1906) ; Nat. Pflanzenfam., ed. 2, **20b** : 156 (1942) ; GUILLAUMIN, Fl. Anal. Synopt. Nouv.-Caléd. : 194 (1948).
– *M. pachystimoides* LOES., *l.c.* : 167 (1906) ; *l.c.* : 156 (1942) ; GUILLAUMIN, *l.c.* : 194 (1948) ; *syn. nov.* – Type : *Balansa 1332* (holo-, iso-, P!).

Arbrisseau de 0,3-3 m, à écorce noire ; rameaux à angles renflés. *Feuilles* ± coriaces, vert foncé et très brillantes au-dessus, plus claires au-dessous ; pétiole de 1-3 mm, parfois presque nul ; limbe ové, obové à oblong, de 1,8-5 × 0,6-1,3(-2) cm, à base atténuée, à sommet obtus, arrondi ou émarginé, à marge ± fortement serretée, révolutée ; nervure médiane saillante des deux côtés, nervures secondaires et tertiaires distinctes.

Fleurs solitaires ou fascicules simples ou composés de dichasia simples, axillaires ; pédoncules de 0,5-3 mm, anguleux, renflés sur les bords ; pédicelles de 4-8 mm ; bractées de 0,5 mm env., lancéolées, en groupe dense à la base de l'inflorescence ; bractéoles de 0,5 mm env., lancéolées. Fleurs uni- ou bisexuées, brunâtres. *Fleurs* ♂ de 4,5-6 mm de diamètre : sépales verts, de 1 × 1 mm env., minces, à marge ± dentée ; pétales jaunâtres à brunâtres, suborbiculaires, ± irrégulièrement lobés, de 2,5-3 × 2,2-3 mm, à marge dentée à laciniée ; étamines de 0,5-0,75 mm, à filets courts, épais, larges, longs de 0,2-0,25 mm, à anthères largement cordées, à sommet obtus, de 0,25-3 mm, basifixes ; disque annulaire, ± aplati, à 5 angles ou lobes marqués. *Fleurs* ♀ de 4-4,5 mm de diamètre : sépales, pétales et disque comme dans les fleurs ♂ ; staminodes < 0,5 mm, à filets larges, à anthères brunâtres, atrophiées ; ovaire conique, de 0,75-1 mm, triloculaire, contenant 2 ovules par loge ; stigmate sessile, capité, faiblement 3-lobé.

Capsule sub-sphérique, de 6-9 × 8-10 mm, à 3 valves faiblement cordées. Graines, 1 ou 2 par loge, brunes, rougeâtres, à arête ventrale, de 3-3,5 × 2 mm, pourvues à la base d'un arille de couleur claire. – Pl. **8** p. 45 ; carte p. 46.

TYPE : *Balansa 2164* (holo-, P! ; iso-, P! BM!).

Menepetalum cassinoides se plaît en maquis dégradé et en forêt humide, sur substrat ultrabasique, entre 1000 et 1600 m d'altitude. Les récoltes proviennent du sud (Mt Humboldt, Mts Koghis) et des massifs de l'ouest (Mé Maoya, Boulinda, Kopéto).

Cette espèce se reconnaît facilement, même à l'état stérile, par ses feuilles de petite taille, brièvement pétiolées et à marge fortement serretée.

MATÉRIEL ÉTUDIÉ :

Balansa 1332, Mt Mi, 9.3.1869 (fr.) ; *2164*, Mt Humboldt, 1200 m, 26.9.1869 (fl. ♀).
Jaffré 903, Mt Boulinda, 1000 m 18.7.1972.
MacKee 13029, Mé Maoya, 1200 m, 11.7.1965 (fl. ♀) ; *13504*, ibid., 2.10.1965 (fr.) ; *21567*, ibid., 1000 m, 11.2.1970 (fr.) ; *23704*, ibid., 1300 m, 6.5.1971 (fr.) ; *27040*, Mt Boulinda, 1100 m, 31.7.1973 (fl. ♂).
McPherson 5110, Mt Humboldt, 1600 m, 12.11.1982 (fr.).
Müller 179, *180*, *181*, Mt Kopéto, 1000 m, 8.11.1990 (bout., fl. ♀) Z.
Pancher s.n. (*Mus. Néocal. 291*), Mts Koghis (fr.).

2. **Menepetalum cathoides** Loesener

Bot. Jahrb. Syst. **39** : 167 (1906) ; Nat. Pflanzenfam., ed. 2, **20b** : 156 (1942) ; GUILLAUMIN, Fl. Anal. Synopt. Nouv.-Caléd. : 194 (1948).

Arbrisseau dressé ou petit arbre de 2-5 m, à écorce brun rougeâtre à noirâtre ; rameaux anguleux, renflés sur les bords. *Feuilles* membraneuses, plus claires au-dessous, brillantes ; pétiole de 2-3 mm ; limbe ové, elliptique à étroitement oblong-elliptique, de 3,5-9,5 × (1,1-) 1,4-2 cm, à base cunéiforme, à sommet légèrement obtus, pointu à acuminé, à marge densément crénelée à dentée ; nervure médiane saillante des deux côtés, nervures secondaires et tertiaires distinctes des deux côtés, nervilles le plus souvent distinctes au-dessous.

Fascicules simples, axillaires ; pédicelles ♂ de 9 mm, pédicelles ♀ de 5-9 mm ; bractées de 0,5 mm env., triangulaires, à marge dentée ; bractéoles de 0,3 mm env., triangulaires, à marge laciniée. *Fleurs* ♂ de 4,5-5,5 mm de diamètre : sépales verts, de 1 × 1 mm env., minces ; pétales jaunes, verdâtres, suborbiculaires, irrégulièrement lobés, de 2-2,5 × 2-2,5 mm, à marge irrégulièrement dentée ; étamines de 0,5 mm env., à filets courts, épais, larges, longs de 0,2-0,25 mm, à anthères largement cordées, à sommet obtus, de 0,25-0,3 mm, basifixes ; disque annulaire, faiblement 5-lobé, épais, sillonné. *Fleurs* ♀ de 4-4,5 mm de diamètre : sépales comme dans les fleurs ♂ ; pétales suborbiculaires, de 1,5-2 × 2 mm, irrégulièrement lobés, à marge irrégulièrement dentée ; staminodes de 0,25 mm env., à anthères brunâtres, atrophiées ; ovaire vert, conique, de 0,5-1 mm, triloculaire, contenant 3-6 ovules ascendants par loge ; style très court, cylindrique ; stigmate presque sessile, capité.

Capsule vaguement anguleuse à sub-sphérique, de 5 × 5-7 mm, à style persistant, punctiforme, à 3 valves largement elliptiques. Graines, 3-5 par loge, brun rougeâtre, à arête ventrale nette, de 2-2,2 × 1,2 mm, enveloppées d'un arille jaune à orange, irrégulièrement découpé en haut et sur le côté, dépassant parfois les graines. – Pl. **7** ; carte p. 46.

PL. 7. – **Menepetalum cathoides** Loes. : **1**, rameau florifère × 1 ; **2**, fleur ♀ × 6 ; **3**, fleur ♂ × 6 ; **4**, fruit avec les graines × 3 ; **5**, graine arillée × 6 (1, 3, *MacKee 21813* ; 2, 4, 5, *Veillon 2842*). – **Salaciopsis longistyla** I.H. Müller : **6**, rameau avec fleurs et fruits × 2/3 ; **7**, fruit en coupe transv. × 3 *(MacKee 18661)*.

TYPE : *Balansa 2761* (holo-, iso-, P!).

Menepetalum cathoides à été récolté en forêt humide et forêt à mousses, sur terrain serpentineux, entre 1100 et 1500 m d'altitude.

MATÉRIEL ÉTUDIÉ :

Balansa 2761, Mt Comboui (= Dent de St Vincent), 1300 m, avr. 1870 (fr.) ; *3490*, Mt Humboldt, 1200 m, févr. 1870 (bout.).
MacKee 4992, Mt Humboldt, 1200 m, 12.7.1956 (fr.) ; *21420*, Mé Maoya, 1500 m, 13.1.1970 (fr.) ; *21532*, ibid., Djiaouma, 1100-1200 m, 11.2.1970 (fr.) ; *21810*, ibid., 1450 m, 23.4.1970 (bout., fr.) ; *21813*, idem (fl. ♂) ; *23075*, Dent de St Vincent, 1300 m, 22.12.1970 (fr.) ; *40098*, leg. *Nasi*, Mé Maoya, 1400 m, déc. 1981 (fr.).
McPherson 2953, Mé Maoya, 1300 m, 8.8.1980 (fr.) ; *3122*, Mt Humboldt, 1500 m, 20.9.1980 (fr.).
Suprin 1588, Mé Maoya, 1300 m, 17.12.1981 (fr.).
Veillon 2842, Mt Humboldt, 1350 m, 26.4.1973 (fl. ♀, fr.).

3. **Menepetalum salicifolium** Loesener

Bot. Jahrb. Syst. **39** : 168 (1906) ; Nat. Pflanzenfam., ed. 2, **20b** : 156 (1942) ; GUILLAUMIN, Fl. Anal. Synopt. Nouv.-Caléd. : 194 (1948).

Arbuste de 2,5-6 m, à écorce brun foncé, noirâtre, lisse, à fines côtes longitudinales ; rameaux ± anguleux. *Feuilles* membraneuses, vert foncé au-dessus, plus claires au-dessous, brillantes ; pétiole de (5-)7-11 mm ; limbe oblong, lancéolé, de 9-12 × 1,5-3 cm, à base cunéiforme, à sommet pointu à acuminé, à marge faiblement crénelée ; nervure médiane saillante au-dessous, nervures secondaires et tertiaires visibles des deux côtés, nervilles distinctes seulement au-dessous.

Fascicules simples, axillaires et/ou cauliflores ; pédicelles ♂ de 6-7 mm, pédicelles ♀ de 5-6 mm ; bractées de 0,5 mm env., triangulaires, à marge laciniée ; bractéoles de 0,25 mm, triangulaires, à marge laciniée. Périanthe de 4-5 mm de diamètre. *Fleurs* ♂ : sépales verts, de 0,5-1 × 1 mm, minces, à marge fortement laciniée ; pétales verdâtres, suborbiculaires, de 1,8-2,5 × 1,5-2 mm, faiblement lobés, à marge ondulée ; étamines de 1 mm env., à filets subulés, de 0,75 mm, minces, à anthères cordées, à sommet obtus, de 0,25-0,3 mm, basifixes, versatiles ; disque plat, charnu, faiblement 5-anguleux. *Fleurs* ♀ : sépales et pétales comme les ♂ ; staminodes de 0,5 mm env. ; anthères brunâtres, atrophiées ; ovaire et disque non vus.

Capsule verte, sub-sphérique, de 3-3,5 × 2,5-3 mm, à style persistant, à 3 valves elliptiques. Graines, 1-2 par loge, brun rougeâtre, pour-

Pl. 8. – **Menepetalum cassinoides** Loes. : **1**, fleur ♂ × 6 ; **2**, fleur ♀ × 6 ; **3**, rameau fructifère × 1 ; **4**, graine arillée × 6 (1, *MacKee 27040* ; 2, *MacKee 13029* ; 3, 4, *MacKee 21567*). – **M. salicifolium** Loes. : **5**, rameau florifère × 1 ; **6**, fleur ♂ × 6 ; **7**, fruit × 6 (5, 6, *MacKee 14740* ; 7, *MacKee 5385*).

vues d'une arête ventrale, de 2-2,5 × 1-1,5 mm, enveloppées d'un arille irrégulièrement découpé en haut et sur le côté. - Pl. **8**.

NÉOTYPE (désigné ici) : *Veillon 3849* (P!). L'holotype choisi par LOESENER, *Schlechter 15702* (B), a été détruit.

M. salicifolium a été récolté dans un secteur limité du nord-est de la Grande-Terre, en forêt humide, entre 500 et 1000 m d'altitude.

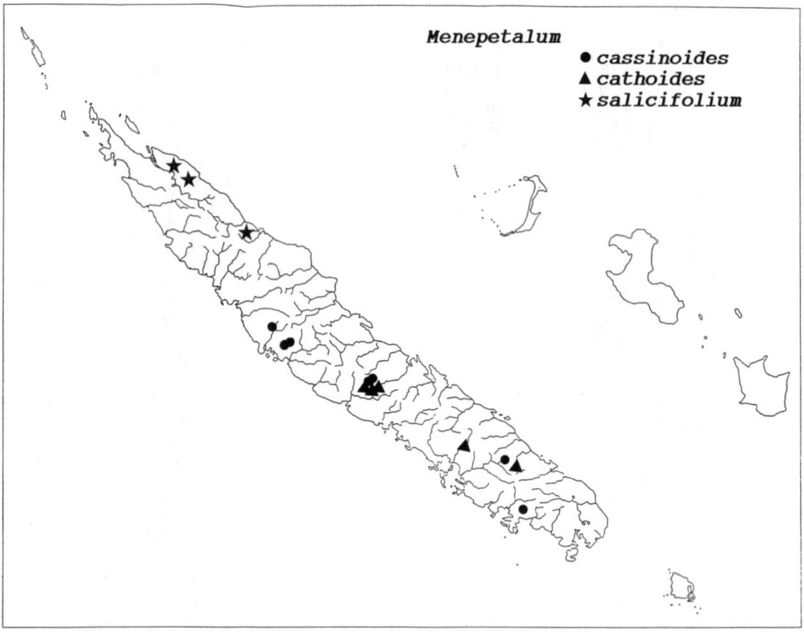

MATÉRIEL ÉTUDIÉ :

MacKee 5385, Mt Ignambi, 700 m, 2.10.1956 (fr.) ; *14740*, Crête Tanghème, 500 m, 19.4.1966 (fl. ♂).
McPherson 6468, Mt Mandjélia, 600-700 m, 15.4.1984 (fl. ♀).
Veillon 3849, Mt Ignambi, 1000 m, nov. 1978 (fr.).

4. **Menepetalum schlechteri** Loesener

Bot. Jahrb. Syst. **39** : 165 (1906) ; Nat. Pflanzenfam., ed. 2, **20b** : 156 (1942) ; GUILLAUMIN, Fl. Anal. Synopt. Nouv.-Caléd. : 194 (1948).
– *M. schlechteri* var. *australe* LOES., *l.c.* : 166 (1906) ; *syn. nov.* – Type : *Schlechter 15185* (holo-, P! ; iso-, P!).

– *M. schlechteri* var. *genuinum* LOES., *l.c.*: 165 (1906), *nom. illeg.*
– *M. balansae* LOES., *l.c.* : 164 (1906) ; *l.c.* : 156 (1942) ; GUILLAUMIN, *l.c.* : 194 (1948) ; *syn. nov.* – Type : *Balansa 2775* (holo-, P!).

Arbrisseau dressé ou arbre de 7-8 m, à écorce noir grisâtre, ridée longitudinalement, rameaux ± cylindriques, à l'état juvénile anguleux. *Feuilles* papyracées à coriaces, vert ± foncé au-dessus, plus claires au-dessous, brillantes ; pétiole de 2-11 mm ou presque nul ; limbe obové à oblong-obové, elliptique ou spatulé, de 2,5-11,5 × 0,8-4,5 cm, à base atténuée, à sommet ± pointu, émarginé, arrondi à obtus, à marge crénelée ou dentée, révolutée ; nervure médiane saillante les deux côtés, nervures secondaires et tertiaires distinctes, nervilles souvent visibles.

Fascicules simples ou composés de dichasia simples ou doubles, longs de 5-8-10 mm, axillaires et/ou sur les rameaux défeuillés ; pédoncules de 2-4 mm ; pédicelles ♂ de 3-4 mm, pédicelles ♀ de 1,5-3 mm ; bractées et bractéoles de 0,5 mm, lancéolées. Fleurs unisexuées, rarement bisexuées, verdâtres. *Fleurs* ♂ de 3,5-5 mm de diamètre : sépales verts, de 1-1,5 × 1,5 mm, à marge érodée-dentée ; pétales blanc verdâtre à jaunâtres, linguiformes, de 1,5-2 × 1-1,5 mm, à marge finement dentée, faiblement ondulée ; étamines de 1 mm env., à filets subulés, de 0,75 mm env., à anthères jaunes, cordées, à sommet obtus, de 0,25 mm env., dorsifixes, versatiles ; disque vert, charnu, ± patelliforme, 5-anguleux à lobé. *Fleurs* ♀ de 2,5-3,5 mm de diamètre : sépales de 0,75-1 × 1 mm, épais ; pétales linguiformes, de 1,5 × 1 mm, à marge faiblement dentée ; anthères brunes, atrophiées ; disque annulaire, plat ou charnu, nettement patelliforme, 5-lobé ; ovaire conique ou ± sphérique, long de 1 mm env., à 3 loges, contenant chacune 2 ovules ; style élancé, subcylindrique ; stigmate à 3 lobes bifides.

Capsule rouge ou jaune à brune, sub-sphérique à oblongue ou ± triangulaire obcordée, de 5-10 × 6-9 mm, à stigmate persistant, punctiforme, à 3 valves étroitement elliptiques ou cordées. Graines, 2 par loge, brunes, carénées, de 3,5-4 × 2-2,5 mm, à testa irrégulièrement scalariforme, enveloppées d'un arille orange à jaune brillant, irrégulièrement découpé vers le haut.

Cette espèce peut être divisée en 2 sous-espèces.

CLÉ DES SOUS-ESPÈCES

1. Pétiole de 5-11 mm, feuilles papyracées à faiblement coriaces, de 6,5-11,5 × 2,5-4,5 cm. . . . . a. subsp. *schlechteri*
1'. Pétiole de 2-2,5 mm, feuilles coriaces, de 2,5-6,5(-8) × 0,8-2,5 cm. . . . . b. subsp. *crassiusculum*

a. subsp. **schlechteri**

Arbrisseau dressé ou arbre, de 3-7(-8) m. *Feuilles* papyracées à faiblement coriaces, vert foncé au-dessus ; pétiole de 5-11 mm ; limbe elliptique à spatulé, de 6,5-11,5 × 2,5-4,5 cm, à sommet ± pointu à obtus, à marge crénelée.

Fascicules simples ou composés de dichasia simples ou doubles ; pédicelles ♀ de 2-2,5 mm. *Fleurs* ♀ : disque annulaire, plat ; ovaire conique, de 1 mm env.

Capsule rouge, sub-sphérique à oblongue, de 10 × 6-9 mm, à 3 valves étroitement elliptiques. – Pl. **9**.

LECTOTYPE (désigné ici) : *Schlechter 15432* (P! ; iso-, BM! K! Z!).

On rencontre *M. schlechteri* subsp. *schlechteri* en forêt humide, sur terrains serpentineux ou autres, entre 550 et 1450 m d'altitude. Commun dans la région du Mt Humboldt et des Mts Koghis, il a aussi été récolté sur le Mt Ignambi au nord de la Grande Terre.

MATÉRIEL ÉTUDIÉ :

Balansa 965, Mt Mi, Sommet, 20.1.1869 (fr.) ; *2775*, La Conception, 500 m, fév. 1870 (fl. ♂).
Bamps 5570, Mtagne des Sources, 650 m, 17.11.1977 (fl. ♀).
Compton 1476, Mt Ignambi, 29.7.1914 (fl. ♀, fr.), BM.
Hürlimann 1056, Dumbéa, Mine Sunshine, 720 m, 15.3.1951 (fr.) ; *1710*, Vallée de Ni, 860 m, 25.6.1951.
MacKee 3361, Vallée de Dumbéa, 600 m, 13.11.1955 (fl. ♀, fr.) ; *13503*, Mé Maoya, 1400 m, 2.10.1965 (fr.) ; *14631*, N La Conception, 550 m, 31.3.1966 (fl. ♀) ; *19637*, haut Diahot, Tendé, 600 m, 30.9.1968 (bout.) ; *29087*, Mt Ouin, 1100 m, 11.8.1974 (fl. ♀, fr.) ; *37397*, Mts Koghis, 450 m, 9.10.1979 (fl. ♂) ; *40056*, Crête Ngoye-Ni, 600 m, 3.12.1981 (fl. ♂) ; *40186*, Crête Dzumac-Ouin, 900 m, 6.1.1982 (fl. ♀, fr.).
McPherson 2117, Thy, 500 m, 22.11.1979 (fl. ♂) ; *3857*, Piste du Dzumac, 800 m, 18.6.1981 (fr.) ; *4821*, ibid., 7.8.1982 (fr) ; *5169*, ibid., 650 m, 20.11.1982 (fl. ♂) ; *5956*, Mt Dzumac, 800 m, 9.11.1983 (fl. ♂).
Schlechter 15185, Ngoye, 900 m, 1.12.1902 (fl. ♀) ; *15432*, Oubatche, 700 m, 15.12.1902 (bout.) ; *15630*, Oua-Hinna, 600 m, 4.1.1903 (fl. ♂).
Schmid 4280, Mt Kouakoué, 900 m, 16.10.1972 (fl. ♂).
Veillon 872, Mts Koghis, 700 m, 7.9.1966 (bout.) ; *3026*, Petit Koum (Port Bouquet), 350 m, 25.6.1973 (fl. ♂).

b. subsp. **crassiusculum** I.H. Müller, *subsp. nov.*

Frutex 1-3 m alta. Folia subsessilia vel petiolo 2-2,5 mm instructa, infra pallide viridia, supra viridia vel pallide viridia, coriacea ; lamina obovata vel oblongo-ovata, 2,5-6,5(-8) cm longa, 0,8-2,5 cm lata, basi attenuata, apice emarginata vel rotundata vel acuta, margine denticulata, revoluta.

PL. 9. – **Menepetalum schlechteri** Loes. subsp. **schlechteri** : **1**, rameau florifère × 1 ; **2**, fleur ♀ × 6 ; **3**, fleur ♂ × 6 ; **4**, fruit avec les graines arillées × 3 (1, 2, *MacKee 14631* ; 3, *McPherson 2117* ; 4, *McPherson 4821*). – Subsp. **crassiusculum** I.H. Müller : **5**, rameau fructifère × 1 *(Müller 155)*.

Flores fasciculati, vel in dichasiis simplicibus fasciculatis dispositi ; pedunculi 2-4 mm longi ; pedicelli florum ♂ 3-4 mm longi, florum ♀ 1,5-3 mm longi ; ovarium viride, plus minusve globosum, diam. circa 1 mm ; discus carnosus, profunde patelliformis, quinquelobatus.

Capsula flava vel brunnea, plus minusve triangulari-obcordata, valvis cordiformibus, 5-6 mm longis et 6-9 mm latis.

Arbrisseau de 1-3 m. *Feuilles* coriaces, vert ± clair au-dessus ; pétiole de 2-2,5 mm ; limbe obové à oblong-ové, de 2,5-6,5(-8) × 0,8-2,5 cm, à sommet émarginé, arrondi à pointu, à marge dentée.

Fascicules simples et/ou composés de dichasia simples ; pédoncules de 2-4 mm ; pédicelles ♂ de 3-4 mm ; pédicelles ♀ de 1,5-3 mm. *Fleurs* ♀ : disque charnu, nettement patelliforme, 5-lobé ; ovaire vert, ± sphérique, long de 1 mm env.

Capsule jaune à brune, ± triangulaire ou obcordiforme, de 5-6 × 6-9 mm, à 3 valves cordées.

TYPE : *Müller 155* (holo-, Z! ; iso-, P! NOU!).

M. schlechteri subsp. *crassiusculum* est localisé dans la région du Mt Boulinda, du Mt Paéoua et du Mt Koniambo, en forêt humide mais aussi en maquis dégradé, sur terrain ultrabasique, entre 750 et 1100 m d'altitude.

Cette sous-espèce se distingue facilement par ses feuilles coriaces, presque sessiles, la taille et la forme des feuilles, le disque patelliforme et la capsule obcordée plus petite.

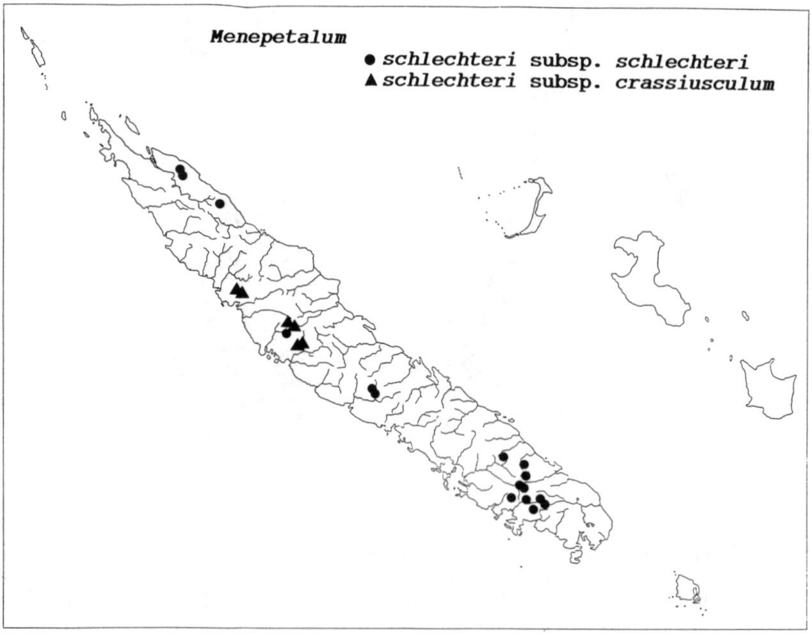

MATÉRIEL ÉTUDIÉ :

Jaffré 1063, Mt Boulinda, 1000 m, 19.11.1972 (fl. ♀, fr.) ; *2332*, ibid., 22.1.1978 (fl. ♂).
MacKee 17185, Mt Boulinda, 800 m, 26.7.1967 (fr.) ; *17710*, Mt Paéoua, 1100 m, 14.10.1967 (fr.) ; *18414*, ibid., 900 m, 15.2.1968 (fl. ♀, fr.) ; *22226*, ibid., 9.7.1970 (fr.) ; *27009*, Mt Boulinda, 800 m, 30.7.1973 (fr.) ; *27034*, ibid., 1100 m, 31.7.1973 (fr.) ; *28652*, N Mt Koniambo, 750 m, 8.5.1974 (fr.).
McPherson 5011, Mt Koniambo, 750 m, 12.10.1982 (bout., fr.) ; *5294*, ibid., 15.1.1983 (bout.).
Müller 155, Mt Koniambo, 750-800 m, 6.11.1990 (fl. ♀, bout., fr.).
Schmid 4351, Mt Koniambo, 800-900 m, 20.12.1972 (fl. ♂, bout.).

6. **SALACIOPSIS** Baker f.

J. Linn. Soc., Bot. **45** : 287 (1921) ; LOES., Nat. Pflanzenfam., ed. 2, **20b** : 156 (1942) ; GUILLAUMIN, Fl. Anal. Synopt. Nouv.-Caléd. : 196 (1948) ; HÜRL., Candollea **15** : 69 (1955).
– *Lecardia* J. POISS., Bull. Mus. Hist. Nat. Paris **33** : 111 (1927).

Arbrisseaux dressés ou petits arbres, ramifiés ou monocaules ; rameaux ± cylindriques. *Feuilles* presque sessiles ou pétiolées, alternes et le plus souvent sub-verticillées, groupées vers le sommet des rameaux, très coriaces, elliptiques, oblongues, lancéolées ou obovées, à base cordée ou atténuée, à marge entière, révolutée ; nervation brochidodrome et réticulée ; stipules absentes.

Inflorescences axillaires et/ou sur les rameaux défeuillés ; fleurs unisexuées, solitaires et/ou fasciculées, à pédicelles articulés, portant 2 bractéoles. *Fleurs* ♂ : sépales 5, verts, arrondis, à préfloraison quinconciale ; pétales 5, ovés à linguiformes, à préfloraison quinconciale ; étamines 5, insérées au-dessous et hors du disque ; filets subulés ; anthères cordées, ovées, à déhiscence latrorse, dorsi-basifixes, versatiles ; disque à 5 lobes alternant avec les étamines ; au centre un pistillode rudimentaire en forme d'ombilic. *Fleurs* ♀ : sépales et pétales comme dans les fleurs ♂ ; staminodes absents ou très réduits et filiformes ; disque annulaire, non étalé, adjacent à l'ovaire ; ovaire conique ou sphérique, enfoncé et soudé dans le disque sur 1/2-1/4 env. ; 3 loges contenant chacune 2 ou 6 ovules anatropes ; style court, robuste ou absent ; stigmate 3-lobé.

Fruits : capsules loculicides, ellipsoïdes à sub-sphériques ; disque bien individualisé, annulaire, style persistant. Graines, 1, 2 ou 6 par loge, dressées, à testa coriace, lisse et brillant, pourvues seulement à la base ou entièrement enveloppées d'un arille ; albumen blanchâtre, copieux, charnu ; embryon droit à cotylédons ovés.

TYPE : *Salaciopsis neocaledonica* Baker f.

Ce genre est endémique de Nouvelle-Calédonie. Il est représenté à l'Ile des Pins, du sud au nord de la Grande-Terre et à l'Ile Art. Les 6 espèces connues poussent entre 100 et 1400 m d'altitude, le plus souvent sur terrain serpentineux.

CLÉ DES ESPÈCES

1. Pédicelles des fleurs et des fruits courts, de 0,75-1,5 mm ; bractéoles insérées juste sous les fleurs.
   2. Pétiole presque nul ou de 1(-3) mm ; limbe de 3,5-7(-7,5) × (0,8-)1,3-3(-3,5) cm . . . . 1. *S. sparsiflora*
   2'. Pétiole de 3-6 mm ; limbe de (7,5-)8-12 × (3-)4,5-6,5 cm . . . . 2. *S. glomerata*

1'. Pédicelles des fleurs et des fruits ≥ 3 mm ; bractéoles insérées au milieu des pédicelles.
   3. Arbuste monocaule (rarement peu ramifié) ; feuilles de 27-58 × (6,5-)8-15(-17) cm . . . . 3. *S. megaphylla*
   3'. Arbuste ramifié ; feuilles ≤ 25 × 8 cm.
      4. Feuilles de largeur < 2,5 cm. Fleurs de diamètre ≤ 4 mm. Capsule ≤ 5 × 4 mm . . . . 4. *S. tiwakae*
      4'. Feuilles de largeur ≥ 3,5 cm. Fleurs de diamètre ≥ 6 mm. Capsule dépassant 9 × 7 mm.
         5. Pétiole de 1-2(-3) mm, épais ; base des feuilles cordée. Pédicelles < 10 mm ; ovaire à (1 ou)2 ovules par loge. Arille enveloppant les graines . . . . 5. *S. neocaledonica*
         5'. Pétiole de 3-6 mm ; base des feuilles atténuée. Pédicelles >12 mm ; ovaire à 6 ovules par loge. Arille basal, atteignant le milieu des graines. . . . . 6. *S. longistyla*

CARACTÉRISTIQUES PRATIQUES

S. glomerata GLO, *longistyla* LON, *neocaledonica* NEO, *megaphylla* MEG, *sparsiflora* SPA, *tiwakae* TIW

Feuilles

Pétiole court, de 0-3(-4) mm.	NEO/SPA/TIW
Pétiole de longueur ≥ 3 mm.	GLO/LON
Base cordée.	NEO/MEG
Base atténuée.	GLO/LON/SPA/TIW
Limbe de longueur > 25 cm.	MEG

Fleurs

Ovaire à 2 ovules par loge.	GLO/NEO/MEG/SPA/TIW
Ovaire à 6 ovules par loge.	LON
Stigmate sessile.	GLO
Stigmate porté par un style cylindrique.	LON/MEG/NEO/SPA/TIW

Pédicelles de 0,75-1,5 mm.	GLO/SPA
Pédicelles de longueur ≥ 4 mm.	LON/MEG/NEO/TIW
Diamètre des fleurs ≤ 4 mm.	MEG/SPA/TIW
Diamètre des fleurs ≥ 6 mm.	NEO/LON
Étamines longues de 3,5-5 mm.	NEO/LON
Étamines longues de 1-2 mm.	GLO/MEG/SPA/TIW

Fruits

Arille enveloppant les graines.	GLO/MEG/NEO/SPA/TIW
Arille atteignant le milieu des graines.	LON
Valves de 6-8 × 5-7 mm.	GLO/MEG/SPA
Valves de 10-16 × 7-12 mm.	NEO/LON
Valves de 4,5-5 × 3-4 mm.	TIW

1. **Salaciopsis sparsiflora** Hürlimann

Candollea **15** : 72 (1955).
– *S. sparsiflora* var. *sparsiflora* f. *ovata* HÜRL., *l.c.* : 73 (1955) ; *syn. nov.* – Type : *Vieillard 2840* (holo-, P!).
– *S. sparsiflora* var. *jugifera* HÜRL., *l.c.* : 73 (1955) ; *syn. nov.* – Type : *Baumann 8948* (holo-, Z!).

Arbrisseau dressé ou arbre, de 1,5-8 m, à écorce brun clair, grise, rugueuse ; rameaux cylindriques, anguleux à l'état juvénile. *Feuilles* coriaces, vert foncé au-dessus, plus claires au-dessous, brillantes ; pétiole de 1-3 mm, parfois presque nul ; limbe elliptique, étroitement elliptique, oblong, obové à losangique, de 3,5-7,5 × (0,8-)1,3-3(-3,5) cm, à base atténuée, à sommet obtus, pointu ou acuminé, à marge entière, le plus souvent révolutée ; nervure médiane légèrement saillante des deux côtés ou plane, nervures secondaires et tertiaires distinctes au-dessous ou invisibles des deux côtés.

Fleurs solitaires et/ou en fascicules multiflores, axillaires et/ou caulinaires ; pédicelles de 0,75-1 mm, robustes ; bractées de 0,25-0,5 mm, largement triangulaires ; bractéoles de 0,5 mm env., insérées juste au-dessous de la fleur. Périanthe de 2-4 mm de diamètre. *Fleurs* ♂ : sépales verts, de 1 × 1,5 mm env., un peu épais, à marge irrégulièrement dentée ; pétales vert blanchâtre à jaune clair, linguiformes à ovés, de 1,8-2 × 1,2-1,5 mm, à marge irrégulièrement dentée ; étamines jaunes de 1,8-2 mm, à filets subulés de 1-1,2 mm, à anthères cordées, à sommet obtus, de 0,5 mm env. ; disque patelliforme, faiblement lacuneux ; pistillode atrophié de 0,4-0,5 mm. *Fleurs* ♀ : sépales et pétales comme dans les fleurs ♂ ; staminodes absents ; disque légèrement 5-anguleux ;

ovaire sub-sphérique, de 1-1,5 mm, enfoncé et soudé dans le disque sur 1/2 à 1/3 env., triloculaire ; 2 ovules par loge ; stigmate presque sessile, à 3 lobes largement triangulaires.

Capsule verte, sub-sphérique à ellipsoïde, de 6-7 × 5-6 mm, à 3 valves elliptiques. Graines, 1-2 par loge, brun rougeâtre, dressées, ovoïdes, ± comprimées et anguleuses, de 3 × 2-3 mm, à testa ondulé, brillant, enveloppées d'un arille orange, irrégulièrement découpé en haut et sur le côté. – Pl. **11** p. 61.

TYPE : *Hürlimann 1350* (holo-, Z! ; iso-, P!).

Salaciopsis sparsiflora est répandu sur terrain serpentineux, du sud au nord de la Grande-Terre. Il se plaît dans les forêts mésophiles, parfois basses, entre 150 et 1300 m d'altitude. La variabilité, relativement importante, de la forme des feuilles correspond à sa large distribution horizontale et verticale.

MATÉRIEL ÉTUDIÉ :

Baumann 8948, Mé Amméri, 700 m, 29.6.1950.
Cabalion NC 396, Kouaoua, Aréha, 14.2.1978 (fr.) ; *401*, idem (bout.).
Däniker 1452, Tiébaghi, 15.3.1925 (fl. ♀, j.fr.).
Guillaumin 12400, Oua Tilou, 800 m, 14.4.1951 (bout.).
Hürlimann 961, Mtagne des Sources, 850 m, 6.3.1951 (bout.) ; *1350*, Sommet Tô, 9.5.1951 (fl. ♂) ; *1602*, Dumbéa, Mine Sunshine, 700 m, 21.7.1951 (fl. ♀).
Jaffré 203, Plaine des Lacs, 15.4.1969 (bout.) ; *1229*, Boulinda, Route Mine St Louis, 16.1.1974 ; *1485*, Tiébaghi, 15.10.1975 (fr.) ; *3074*, entre Poro et Kouahoua, 10.1.1991 (fl. ♀).
Lucien & Hürlimann 3316, Pic du Pin, 450 m, 16.8.1958, Z.
MacDaniels 2346, Col d'Amieu, Versant La Foa, 400 m, 27.11.1949 (fr.).
MacKee 11947, Mtagne des Sources, 850 m, 10.1.1965 (fr.) ; *14836*, S Poro, 600 m, 1.5.1966 (fl. ♂) ; *18524*, Roche Ouaième, 900 m, 21.3.1968 (fr.) ; *19127*, *19153*, ibid., 13.7.1968 (fr.) ; *20555*, W Plateau de Dogny, 900 m, 12.4.1969 (fl. ♀) ; *20557*, idem (fl. ♂) ; *21894*, Pouébo, Crête Mandjélia-Salandane, 600 m, 12.5.1970 (fr.) ; *25219*, Mt Mandjélia, 600 m, 12.4.1972 (fl. ♀) ; *25223*, idem (fl. ♂) ; *25730*, Mt Aoupinié, 900 m, 6.11.1972 (j.fr.) ; *26882*, W Mt Paéoua, 1000 m, 24.5.1973 (fl. ♀) ; *33082*, Mt Mandjélia, 700 m, 18.4.1977 (fl. ♀, fr.) ; *33523*, N Tiébaghi, 500 m, 17.7.1977 (fl. ♀) ; *34843*, Yaté, 300 m, 10.3.1978 (fl. ♀) ; *36670*, haut Diahot, Tendé, 650 m, 6.3.1979 (bout.) ; *39056*, *39059*, ibid., 16.5.1981 (fl. ♂) ; *39063*, Pouébo, Oumbarinien, 700 m, 16.5.1981 (fl. ♀) ; *44128*, Yaté, 150 m, 21.10.1988 (fr.).
MacMillan 5077, Tiébaghi, 13.7.1952 (fl. ♀).
McPherson 2407, Mt Panié, 1300 m, 7.2.1980 (fr.) ; *3326*, Tiébaghi, 500 m, 9.11.1980 (fr.) ; *4053*, Mt Mandjélia, 700 m, 17.8.1981 (fr.) ; *5012*, Mt Koniambo, 700 m, 13.10.1982 (fr.) ; *5462*, Prokoméo, 700 m, 3.2.1983 (fr.) ; *5644*, Mt Aréha, 750 m, 21.4.1983 (fl. ♀) ; *5648*, idem (bout.) ; *6048*, Mt Mandjélia, 650 m, 26.11.1983 (fl. ♀).
Morat 8022, Mé Adéo, 850 m, 25.3.1988 (bout.).

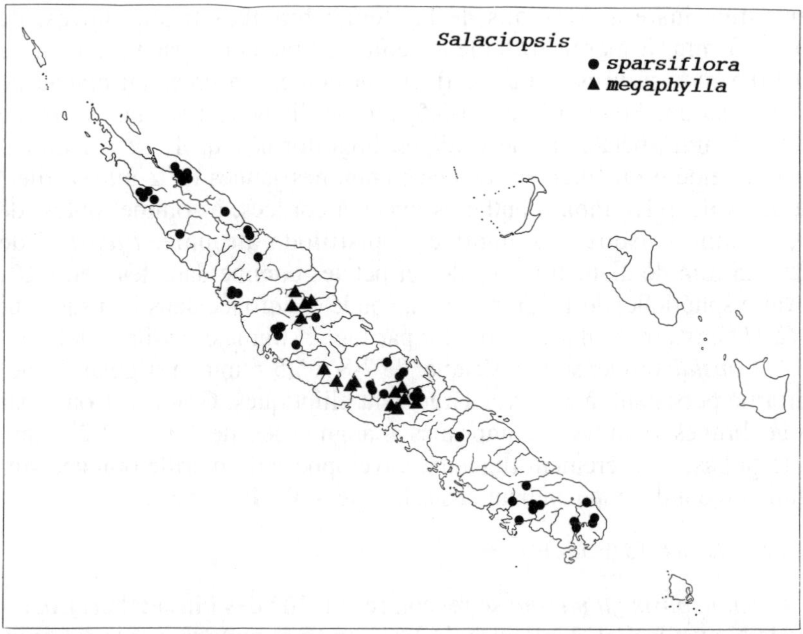

Müller 46, Plateau de Dogny, 300-350 m, 10.10.1990, Z ; *142*, *143*, *144*, Koniambo, 800 m, 6.11.1990 (fr.) Z ; *170*, *171*, Kopéto, 750 m, 8.11.1990 (fr.) Z.
Schmid 1216, Katrikoin, 600 m, 13.4.1966 (fl. ♀, fr.) ; *2692*, Tiébaghi, 14.2.1969 (fr.).
Veillon 1693, Mtagne des Sources, 800 m, 10.4.1968 (bout.) ; *1846*, N du Lac en huit, 10.10.1968 (fl. ♀, fr.) ; *3046*, *3049*, haute Ouinné, 600 m, 28.4.1974 ; (fl. ♂) ; *3200*, Dogny, 800 m, 6.5.1977 (fl. ♀) ; *3499*, Kouaoua, Aréha, 14.2.1978 (fl. ♂) ; *3894*, Mt Ninga, 1100 m, 4.1979 (fr.) ; *4447*, Tiébaghi, 550 m, 17.5.1981 (fl. ♀, fr.) ; *4459*, idem (fl. ♂) ; *5410*, Mt Mandjélia, 650 m, 15.3.1983 (fl. ♂) ; *6748*, Mé Adéo, 750 m, 24.3.1988 (bout.).
Vieillard 2840, Wagap, 1861-67 (j.fr.).

2. **Salaciopsis glomerata** Hürlimann

Candollea **15** : 71 (1955).

Arbrisseau dressé de 1,8-4 m ; écorce brun rougeâtre ou grisâtre ; rameaux cylindriques. *Feuilles* coriaces, vert foncé au-dessus, plus claires au-dessous, brillantes ; pétiole de 3-6 mm ; limbe elliptique, largement obové, de 7,5-12 × 3-6,5 cm, à base atténuée, à sommet obtus à arrondi ou pointu, à marge entière, ± révolutée ; nervure médiane plus saillante au-dessous qu'au-dessus, nervures secondaires, tertiaires et nervilles distinctes des deux côtés.

Fleurs solitaires et/ou fascicules, le plus souvent à 10-20 fleurs densément agrégées, axillaires et/ou caulinaires ; pédicelles de 1,2-1,5 mm, articulés juste au-dessous de la fleur ; bractées triangulaires, de 0,2-0,3 mm, à marge fortement dentée ; bractéoles triangulaires, de 0,3-0,5 mm, minces, à marge finement dentée, insérées au niveau de l'articulation. *Fleurs* ♂ de 4,5-5,5 mm de diamètre : sépales verts, de 1 × 1,5 mm ; pétales jaune verdâtre, linguiformes, de 1,5-2 × 1 mm, à marge entière ou finement dentée ; étamines jaunes de 2 mm, à filets subulés de 1-1,1 mm, à anthères ovées à cordées, à sommet obtus, de 0,9-1 mm ; disque ± 5-anguleux ; pistillode atrophié. *Fleurs* ♀ de 2,5-3,5 mm de diamètre : sépales et pétales comme dans les fleurs ♂ ; ovaire sphérique, de 1-1,5 mm env., soudé et enfoncé dans le disque sur 1/2-1/3 env., triloculaire ; 2 ovules par loge ; stigmate sessile, 3-lobé.

Capsule brune, sub-sphérique, de 7-8 × 5,5-6 mm, à stigmate punctiforme persistant, à 3 valves largement elliptiques. Graines, 1 ou 2 par loge, brunes, ovoïdes, ± comprimés et anguleuses, de 3-3,5 × 2-2,5 mm, à testa lisse à légèrement rugueux, enveloppées d'un arille orange, irrégulièrement découpé en haut et sur le côté. – Pl. **10** p. 59.

TYPE : *Le Rat 185* (holo-, P!).

Salaciopsis glomerata se rencontre sur l'île des Pins et dans l'ouest de la Nouvelle-Calédonie jusqu'à Voh, en forêt humide, sur terrain serpentineux, entre 100 et 1000 m d'altitude.

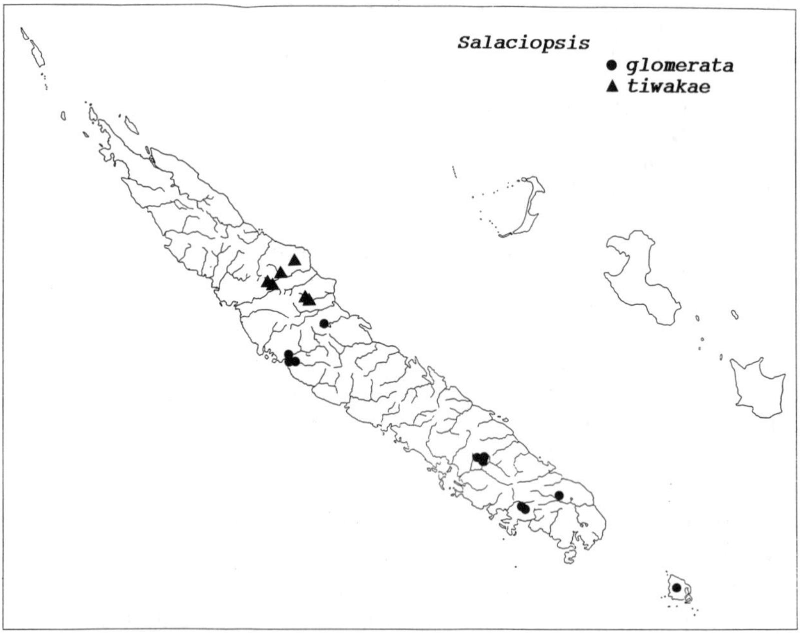

MATÉRIEL ÉTUDIÉ :

Baumann 14483, Mts Koghis, 400 m, 4.7.1951, Z.
Hürlimann 3475, Mts Koghis, 500 m, 20.9.1958, Z.
Jaffré 128, Ouenghi, 1000 m, 27.12.1968 (fl. ♀).
MacKee 4879, Yahoué, 200 m, 14.7.1936 (bout.) ; *5154*, Mt Pouitchaté, 1000 m, 29.8.1956 (bout.) ; *23526*, Ile des Pins, 100 m, 11.4.1971 (fr.) ; *26232*, Poya, Avangui, 100 m, 12.2.1973 (fr.) ; *27338*, ibid., 200 m, 17.9.1973 (fl. ♀, bout.) ; *27634*, ibid., 29.10.1973 (fl. ♀, fr.) ; *29176*, Tontouta, NE Mine Liliane, 800 m, 23.8.1974 (bout.) ; *33775*, Ile des Pins, 100 m, 7.9.1977 (fl. ♂) ; *38886*, haute Yaté, Riv. Bleue, 150 m, 1.4.1981 (fr.).
Le Rat 185, *2777*, Mts Koghis, 800 m, 1907 (bout.).
Müller & Boucheron 64, Tontouta, 800-900 m, 17.10.1990, Z.
Schlechter 15039, Yahoué, 400 m, 15.10.1902 (bout.).
Veillon 3106, Tontouta, NE Mine Liliane, 800 m, 23.8.1974 (bout.).

3. **Salaciopsis megaphylla** (J. Poisson ex Guillaumin) Loesener

Nat. Pflanzenfam., ed. 2, **20b** : 156 (1942) ; GUILLAUMIN, Fl. Anal. Synopt. Nouv.-Caléd. : 196 (1948) ; HÜRL., Candollea **15** : 71 (1955).
– *Lecardia megaphylla* J. POISS. ex GUILLAUMIN, Bull. Mus. Hist. Nat. Paris **33** : 111 (1927). – Syntypes : *Lécard s.n.*, Uaraï (P!) ; *Lécard s.n.*, Farino (P!, K!) ; *Lécard s.n.*, Chaîne centrale (P!).
– *Salaciopsis megaphylla* f. *attenuata* HÜRL., *l.c.* : 71 (1955) ; *syn. nov.* – Type : *Baumann 8792* (holo-, Z!).

Arbrisseau dressé ou arbre, monocaule ou rarement un peu ramifié, de (1-)3-8 m, à écorce brun rougeâtre à grise ; rameaux cylindriques, épais, rugueux. *Feuilles* épaisses et coriaces, brillantes ; pétiole de 0,2-1 cm, parfois presque nul, très épais ; limbe ové-lancéolé, oblong, de 27-58 × (6,5-)8-15(-17) cm, à base cordée, à sommet acuminé, pointu ou obtus, à marge entière et révolutée ; nervure médiane robuste, très nette, saillante au-dessus et au-dessous, nervures secondaires, tertiaires et nerviles distinctes des deux côtés.

Fascicules axillaires et/ou caulinaires, multiflores ; pédicelles ♂ de 5-8 mm, pédicelles ♀ de 5-6 mm, articulés au milieu ; bractées lancéolées, de 0,5 mm env., noirâtres ; bractéoles triangulaires, de 1 mm env., acuminées, insérées au niveau de l'articulation. Périanthe de 3-4 mm de diamètre. *Fleurs* ♂ : sépales verts, de 0,75 × 1,2 mm, épais, à marge laciniée ; pétales vert blanchâtre à jaunes, rosés sur le bouton, linguiformes, de 2 × 1,2 mm, à marge faiblement dentée ; étamines de 2 mm env., à filets subulés de 1 mm env., à anthères cordées à oblongues, de 1 mm env., à sommet obtus ; pistillode de 1 mm env. *Fleurs* ♀ : sépales et pétales comme dans les fleurs ♂ ; staminodes absents ou réduits et filiformes ; ovaire rosé, sphérique, de 1,5-2 mm, soudé et enfoncé dans le disque sur 1/2-1/3 env., triloculaire ; 2 ovules par loge ; style très court, cylindrique, épais ; stigmate 3-lobé.

Capsule brune, sphérique, de 6-6,5 × 6-7 mm, à 3 valves elliptiques, à style persistant. Graines, 1-2 par loge, brun foncé, ovoïdes, ± comprimées, de 3,5-4 × 2 mm, à testa lisse, enveloppées d'un arille orange, irrégulièrement découpé vers le haut. – Pl. **10** ; carte p. 55.

LECTOTYPE (désigné ici) : *Lécard s.n.*, Chaîne centrale (P! ; iso-, Z!).

Salaciopsis megaphylla ne se rencontre qu'au centre de la Grande Terre et sur l'Ile Art ; il croît en forêt dense humide, entre 300 et 1100 m d'altitude.

MATÉRIEL ÉTUDIÉ :

Baumann 8792, Mé Amméri, 700 m, 28.11.1950 (fl. ♀) Z.
Guillaumin & Baumann 8734, Mé Amméri, 700 m, 28.11.1950 ; *9062*, ibid., 700 m, 30.11.1950.
Le Rat 962, Mé Arémbo, 1112 m, oct. 1907.
Lécard s.n., s. loc., 900 m, (fl. ♂) ; *s.n.*, Forêt de Farino, 800 m ; *s.n.* Ouraï, 400 m, 25.9.1876 (fl. ♀).
MacKee 13265, haute Amoa, 300 m, 29.7.1965 (bout.) ; *13451*, Col des Roussettes, Boéti, 500 m, 23.9.1965 (bout.) ; *13723*, haute Amoa, 400 m, 27.10.1965 (fl. ♂) ; *13727*, idem (fl. ♀) ; *13931*, E Col des Roussettes, 500 m, 24.11.1965 (fl. ♀) ; *14217*, leg. *Gay*, ibid., 7.1.1966 (fl. ♀) ; *14220*, haute Amoa, 400 m, 13.1.1966 (fr.) ; *15158*, Crête Amoa-Tchamba, 600 m, 21.6.1966 (bout.) ; *15677*, haute Tchamba, 500 m, 23.9.1966 (fl. ♂) ; *15908*, Plateau de Dogny, 900 m, 2.11.1966 (fl. ♂) ; *15933*, Col d'Amieu, Mé Ongué, 600 m, 12.11.1966 (fl. ♀) ; *17293*, haute Tchamba, 500 m, 17.8.1967 (fl. ♂) ; *19412*, Ile Art, Plateau N, 220 m, 30.8.1968 (fl. ♂) ; *19499*, haute Tchamba, 500 m, 7.9.1968 (fl. ♂) ; *19517*, ibid., 8.9.1968 (fl. ♀) ; *21140*, ibid., 300 m, 11.11.1969 (fl. ♀) ; *24676*, Farino, Pic Vincent, 600 m, 12.11.1971 (fl. ♂) ; *26544*, Col d'Amieu, Mt Pembai, 800 m, 11.4.1973 (fr.).
Nothis 524, S Col d'Amos, Forêt du Bonhomme, 9.8.1967.
Schmid 3066, haute Boghen, Mt Koujoua, 600 m, 27.5.1970.
Suprin 882, Pembaï, 12.11.1980 (fl. ♂).
Tirel 1383, haute Tchamba, 500-600 m, 1.9.1978 (bout.).
Veillon 6707, Table Unio, 600 m, 22.3.1988 (fr.).

4. **Salaciopsis tiwakae** I.H. Müller, *sp. nov.*

Frutex erectus, ramosus, 1,5-2 m altus, ramis teretibus, rubellobruneis. Folia coriacea ; petiolus 1-3(-4) mm longus, aliquando carens ; lamina 5-10 × 0,8-2 cm, lanceolata ad anguste lanceolata, apice acuto, acuminato, basi in petiolum angustata, margine revoluto, integro, supra viridis, nitens, subtus subviridis, costa prominente, venis primariis, secundariis et tertiariis subtus manifestis.

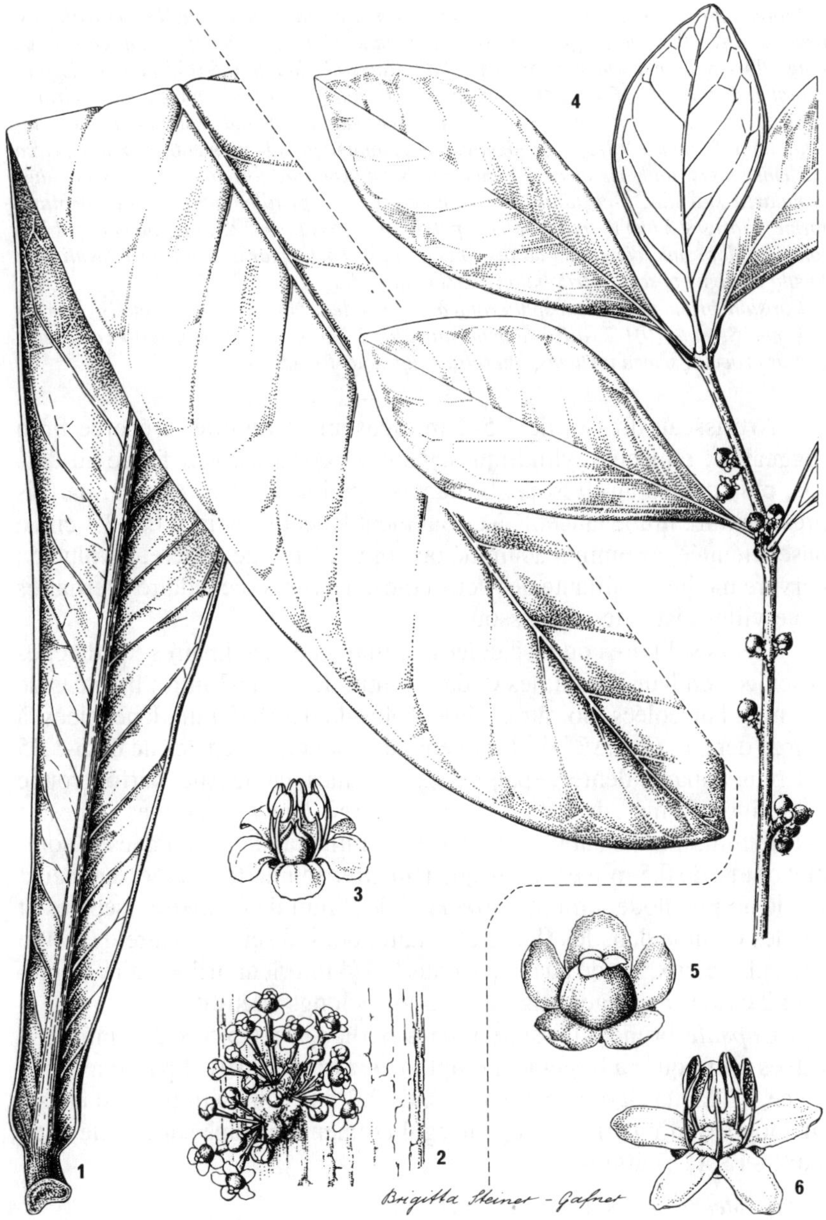

PL. 10. – **Salaciopsis megaphylla** (J. Poiss. ex Guillaumin) Loes. : **1**, feuille × 2/3 ; **2**, fascicule de fleurs ♀ × 2 ; **3**, fleur ♂ × 6 (1, 2, *MacKee 21140* ; 3, *MacKee 17293*). – **S. glomerata** Hürl. : **4**, rameau fructifère × 1 ; **5**, fleur ♀ × 6 ; **6**, fleur ♂ × 6 (4, 5, *MacKee 27634 ;* 6, *MacKee 33775*).

Flores albi vel luteoli, interdum carnei, solitarii vel fasciculati, caulini vel axillares, bracteis circa 0,5 mm longis, nigrescentibus, lanceolatis ; pedicelli florum ♂ 4-5 mm longi, florum ♀ 3 mm longi, medio articulati, bracteolis duabus 0,5-0,75 mm longis, lanceolatis, denticulatis. Flores ♂ 4 mm diam. ; sepala aestivatione quincunciali, viridia, rotundata, 0,75-1,25 × 1 mm, crassiuscula, denticulata ; petala aestivatione quincunciali, linguiformia, 2 × 1-1,2 mm, denticulata ; stamina flavida filamentis subulatis, circa 0,5 mm longis, antheris circa 0,5 mm longis, obtuse cordiformibus ; discus flavidus, annularis, sulcatus, 5-costatus, 5-lobatus, carnosus ; pistillodium centrale, umbiliciforme. Flores ♀ 2 mm diam., sepalis et petalis similibus florum ♂ ; ovarium circa 1 mm longum, globosum, connatum ad discum circa pro parte quarta, triloculare, ovulis pro loculo 2, stigmate sessili, trilobato ; staminodia nulla.

Capsula brunnescens, subsphaeroidea ad ovoidea, valvis (late) ellipticis, 4,5-5 × 3-4 mm. Semina (0)1-2, atrobrunnea, nitentia, 2,2-3 × 1,8-2,5 mm, testa coriacea ; arillus croceus, semen incluens, lateraliter supraque fissuratus.

Arbrisseau dressé, de 1,5-2 m, densément ramifié, à écorce brun rougeâtre ; rameaux cylindriques. *Feuilles* coriaces, vert foncé au-dessus, plus claires au-dessous, brillantes ; pétiole de 1-3(-4) mm, parfois presque nul ; limbe lancéolé à étroitement lancéolé, 5-10 × 0,8-2,1 cm, à base atténuée, à sommet acuminé ou pointu, à marge entière, révolutée ; nervure médiane saillante des deux côtés, nervures secondaires, tertiaires et nervilles distinctes au-dessous.

Fleurs solitaires ou fasciculées, axillaires ou caulinaires ; pédicelles articulées en leur milieu, les ♂ de 4-5 mm, les ♀ de 3 mm ; bractées de 0,5 mm, lancéolées, noirâtres ; bractéoles de 0,5-0,75 mm, lancéolées, à marge dentée. *Fleurs* ♂ de 4 mm env. de diamètre : sépales de 0,75-1,25 × 1 mm, à marge dentée, épais ; pétales blancs, jaune pâle, parfois rouge clair, linguiformes, de 2 × 1-1,2 mm, à marge dentée ; étamines jaunes de 1-1,25 mm, à filets subulés de 0,5-0,75 mm, à anthères cordées, à sommet obtus, de 0,5 mm env. ; disque jaunâtre, annulaire, 5-lobé, lacuneux, soudé au pistillode atrophié. *Fleurs* ♀ de 2 mm de diamètre : sépales et pétales comme dans les fleurs ♂ : staminodes absents ; ovaire de 1 mm env., globuleux, soudé au disque dans le 1/4 inférieur, triloculaire, contenant 2 ovules par loge ; stigmate à 3 lobes longs et étroits.

Capsule brune, sub-sphérique à ovoïde, de 4,5-5 × 3-4 mm, à 3 valves elliptiques à largement elliptiques. Graines, (0)1-2 par loge, brun foncé, brillantes, largement ovoïdes, de 2,2-3 × 1,8-2,5 mm, à testa lisse, enveloppées d'un arille orange irrégulièrement découpé sur le côté et en haut. – Pl. **11** ; carte p. 56.

TYPE : *MacKee 35919* (holo-, P! ; iso-, P!, Z!).

Salaciopsis tiwakae, localisé dans les vallées de la Tiwaka et de la Tchamba sur la côte est, se rencontre en forêt-galerie, sur terrain schisteux, entre 100 et 550 m d'altitude.

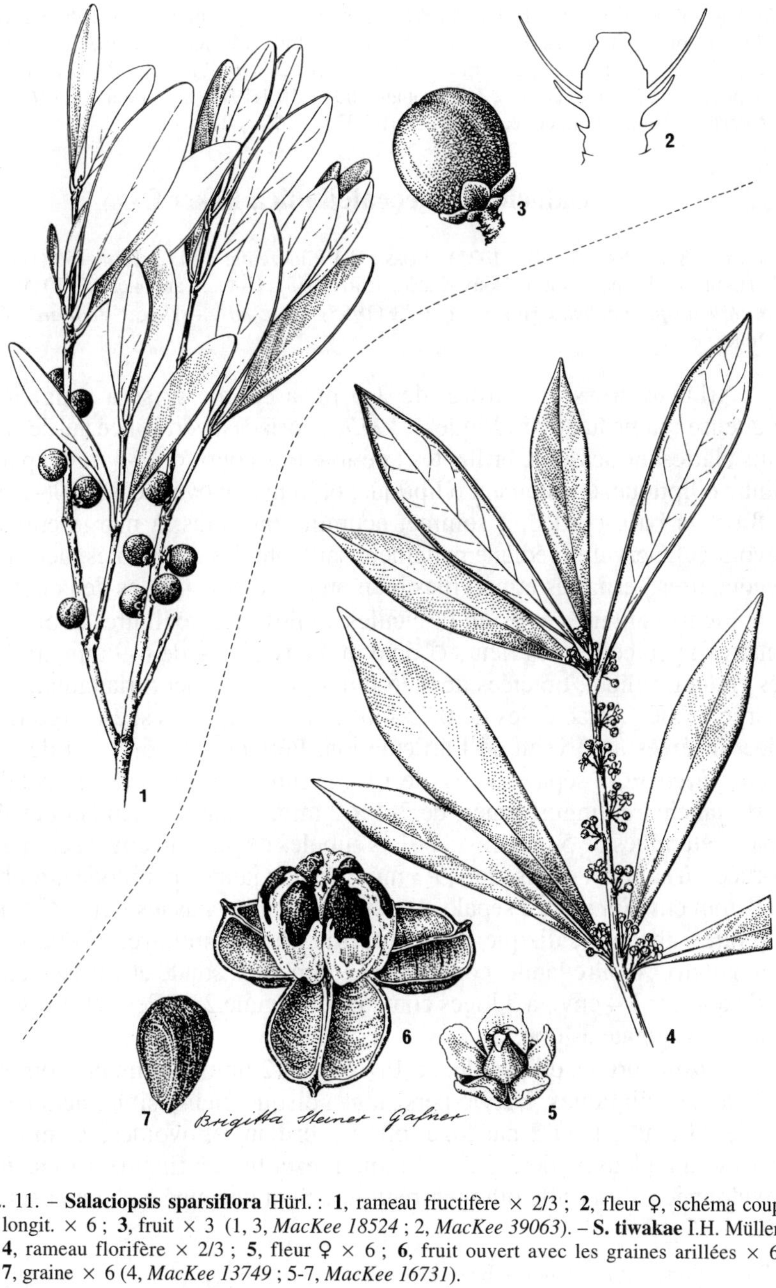

PL. 11. – **Salaciopsis sparsiflora** Hürl. : **1**, rameau fructifère × 2/3 ; **2**, fleur ♀, schéma coupe longit. × 6 ; **3**, fruit × 3 (1, 3, *MacKee 18524* ; 2, *MacKee 39063*). – **S. tiwakae** I.H. Müller : **4**, rameau florifère × 2/3 ; **5**, fleur ♀ × 6 ; **6**, fruit ouvert avec les graines arillées × 6 ; **7**, graine × 6 (4, *MacKee 13749* ; 5-7, *MacKee 16731*).

MATÉRIEL ÉTUDIÉ :

MacKee 13204, Tchamba, 150 m, 11.8.1965 (bout.) ; *13749*, ibid. 28.10.1965 (fl. ♂) ; *15696*, ibid., 550 m, 23.9.1966 (fl. ♂) ; *16731*, ibid., 150 m, 10.5.1967 (fr., fl. ♀) ; *26258*, Tiwaka, Bobetio, 250 m, 13.2.1973 (fr.) ; *27656*, ibid., 30.10.1973 (fl. ♂) ; *34569*, leg. *Cherrier*, Tiwaka, Ti Bouaban, 300 m, 10.1.1978 (fl. ♀, bout.) ; *35919*, leg. *Cherrier*, Touho, Ponandou, 150 m, 18.10.1978 (fl. ♂).

5. **Salaciopsis neocaledonica** Baker f.

J. Linn. Soc., Bot. **45** : 288 (1921) ; LOES., Nat Pflanzenfam, ed. 2, **20b** : 156 (1942) ; GUILLAUMIN, Fl. Anal. Synopt. Nouv.-Caléd. : 196 (1948) ; HÜRL., Candollea **15** : 70 (1955). – *S. tapeinospermophylla* HÜRL., *l.c.* : 73 (1955) ; *syn. nov.* – Type : *Vieillard 2833* (holo-, iso-, P!).

Arbuste dressé ou arbre, de 2-5 m, à écorce grise à rougeâtre, rugueuse ; rameaux cylindriques. *Feuilles* coriaces, vert foncé au-dessus, plus claires au-dessous, brillantes ; pétiole très court, de 1-3 mm, épais ; limbe elliptique, étroitement elliptique, oblong à obové, de 8,5-20(-25) × 4-8 cm, à base cordée, à sommet acuminé ou obtus, à marge entière, révolutée ; nervure médiane nettement saillante des deux côtés, nervures secondaires, tertiaires et nervilles bien ou peu distinctes des deux côtés.

Fleurs solitaires et/ou en fascicules, multiflores, axillaires et/ou caulinaires ; pédicelles des fleurs ♂ de 6 mm env., les ♀ de 6-9 mm, articulés en leur milieu ; bractées de 0,75 mm env., largement triangulaires, à marge érodée ; bractéoles de 0,75 mm env., triangulaires, à marge laciniée, insérées au niveau de l'articulation. Périanthe de 6-7 mm de diamètre. *Fleurs* ♂ : sépales verts, de 1 × 2,5 mm, à marge érodée ; pétales vert blanchâtre, linguiformes, de 2-4 × 2 mm, à marge finement dentée, épais ; étamines de 5 mm env., à filets subulés de 3,5 mm env., à anthères cordées, à sommet obtus, de 1,5-3 mm ; disque jaune ; pistillode atrophié de 1 mm env. *Fleurs* ♀ : sépales et pétales comme dans les fleurs ♂ ; staminodes absents ; disque bien individualisé, annulaire, légèrement 5-anguleux ; ovaire jaune, conique, de 3 mm env., soudé et enfoncé dans le disque sur 1/4 env., à 3 loges contenant chacune 2 ovules ; style cylindrique ; stigmate 3-lobé.

Capsule brune, ellipsoïde, de 14-16 × 8-12 mm, à sommet acuminé, à 3 valves elliptiques, à style persistant ; disque bien visible, nettement renflé. Graines, 1 ou 2 par loge, brunes, brillantes, ovoïdes, ± comprimées et anguleuses, de 3-3,5 × 2 mm, à testa lisse à finement rugueux, enveloppées d'un arille orange irrégulièrement découpé en haut et sur le côté. – Pl. **12**.

TYPE : *Compton 1600* (holo-, BM!).

Pl. 12. – **Salaciopsis neocaledonica** Baker f. : **1**, fascicule de boutons × 2 ; **2**, rameau fructifère × 2/3 ; **3**, fleur ♂ × 6 ; **4**, fleur ♀ × 6 (1, 4, *MacKee 15622* ; 2, *Veillon 1502* ; 3, *MacKee 40570*).

S. neocaledonica se rencontre au nord et au centre de la Nouvelle-Calédonie ; cette espèce paraît être assez commune en forêt humide et en forêt-galerie, sur terrain serpentineux et sur schistes, entre 20 et 1450 m d'altitude.

MATÉRIEL ÉTUDIÉ :

Compton 1600, Mt Ignambi, 1914 (fl. ♂), BM.
Hürlimann 1806, Mt Ignambi, 600 m, 24.2.1951 (fl. ♀, fr.).
Jaffré 958, Mt Boulinda, 1100 m, 12.10.1972 (bout.) ; *1099*, ibid., 29.3.1973 (j.fr.) ; 1440, ibid., 1.7.1975 (j.fr.).
MacKee 4805, Mt Ignambi, 900 m, 12.6.1956 (fl. ♂) ; *13497*, Mé Maoya, 1450 m, 2.10.1965 (bout.) ; *13833*, Tao, Pouaï, 20 m, 10.11.1965 (fl. ♀, fr.) ; *15622*, ibid., 11.9.1966 (fl. ♀) ; *17353*, Mt Boulinda, 1300 m, 28.8.1967 (bout.) ; *17543*, haut Diahot, Tendé, 500 m, 12.9.1967 (j.fr.) ; haute Tchamba, 500 m, 8.9.1968 (bout.) ; *19639*, ibid., 30.9.1968 (fr.) ; *21411*, Mé Maoya, 1500 m, 13.1.1970 (fl. ♀) ; *23776*, Pouébo, Ouangati, 800 m, 26.5.1971 (bout.) ; *26035*, W Col d'Amos, 550 m, 3.7.1972 (fr.) ; *40565*, haut Diahot, Tendé, 600 m, 30.6.1982 (bout.) ; *40570*, idem (fl. ♂).
McPherson 4825, Mé Ori, 500 m, 10.8.1982 (fl. ♀).
Nothis 450, Paimboas, 8.8.1967 (fl. ♀).
Schmid 1195, haute Coulna, 17.4.1966 (bout.) ; *4249*, Mt Boulinda, 1100 m, 13.10.1972 (bout.).
Veillon 403, Mt Ignambi, 950 m, 19.8.1965 (fl. ♀) ; *1502*, Ouégoa, Le Cresson, 28.11.1967 (fr.) ; *3824*, Mt Ignambi, 600 m, 11.1978 (fr.) ; *4583*, Plateau de Tango, 600 m, 20.10.1981 (fl. ♀).
Vieillard 31, Balade, 1855-60 ; *2833*, Canala, 1861-67 (fr.).
Webster & Hildreth 14918, Canala, 100-200 m, 20.8.1968 (fl. ♂).

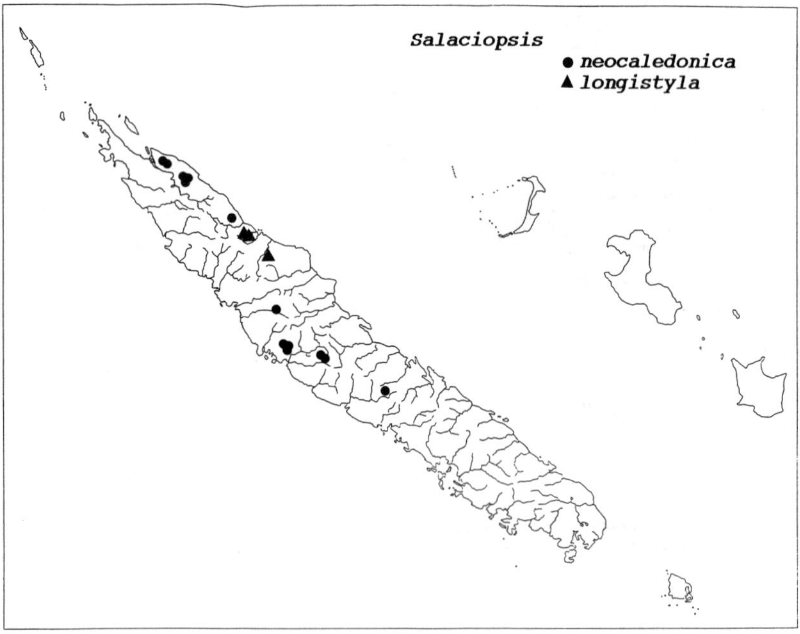

6. **Salaciopsis longistyla** I.H. Müller, *sp. nov.*

Frutex erectus, circa 3 m altus, ramis teretibus, croceocinerascentibus. Folia coriacea ; petiolus 3-6 mm longus, robustus ; lamina 7,5-15 × 3,5-6,5 cm, obovata, apice acuto, rotundato, basi in petiolum angustata, margine revoluto, integro, supra viridia, nitentia, subtus subviridia, costa paulo prominente, venis secundariis, tertiariis et nervillis utrinque manifestis.

Flores crocei, solitarii et/vel fasciculati, caulinei, bracteis circa 0,5 × 0,75 mm, triangularibus, bracteolis floris ♂ circa 2 × 1 mm, lanceolatis, bracteolis floris ♀ rudimentalibus, triangularibus, margine denticulato ; pedicelli 13-16 mm longi, medio articulati et bibracteolati. Flores ♂ 8-9 mm in diam. ; sepala aestivatione quincunciali, viridia, rotundata, circa 2 × 2 mm ; petala aestivatione quincunciali, linguiformia, 3,5-4 × 2-2,5 mm, margine subtiliter denticulato ; stamina filamentis subulatis, applanatis, basi dilatatis, 2,5-3 mm longa, antheris circa 1 mm longis, apice acutis basi cordatis ; discus annularis, sulcatus, 5-costatus, 5-lobatus, carnosus, pistillodium umbiliciforme circumdans. Flores ♀ 10 mm in diam. ; sepala viridia, 2 × 3 mm, margine irregulariter subtiliterque denticulato ; petala crocea, late ovata, 4-5 × 3,5 mm, margine subtiliter denticulato ; staminodia nulla ; ovarium circa 4-5 mm longum, conicum, disco pro parte circa quarta adnatum, triloculare, ovulis pro loculo 6, biseriatis, stylo columniformi, stigmate trilobato.

Capsula rubellobrunnea, subsphaeroidea, apice acuminata, trivalvata ; valvae ellipticae, 10-13 × 7-8,5 mm. Semina atrobrunnea, nitentia, subsphaeroidea, circa 3 × 2 mm, testa coriacea, arillo croceo, basali usque ad medium circumdata.

Arbrisseau dressé, de 3 m env., à écorce grise et orangée ; rameaux cylindriques. *Feuilles* coriaces, vert foncé et brillantes au-dessus, plus claires au-dessous ; pétiole de 3-6 mm, robuste ; limbe obové, de 7,5-15 × 3,5-6,5 cm, à base atténuée, à sommet pointu ou arrondi, à marge entière, révolutée ; nervure médiane faiblement saillante des deux côtés, nervures secondaires, tertiaires et nervilles distinctes des deux côtés.

Fleurs solitaires et/ou en fascicules, pauci- à multiflores, axillaires et/ou caulinaires ; pédicelles de 13-16 mm, ± articulés en leur milieu ; bractées de 0,5 × 0,75 mm, triangulaires ; bractéoles ♂ de 2 × 1 mm env., lancéolées ; bractéoles ♀ rudimentaires, de 0,5 × 0,5 mm env., triangulaires, à marge dentée. *Fleurs* ♂ de 8-9 mm de diamètre : sépales verts, de 2 × 2 mm env. ; pétales linguiformes, de 3,5-4 × 2-2,5 mm, à marge finement dentée ; étamines de 3,5-4 mm, à filets subulés, aplatis, à base large, longs de 2,5-3 mm, à anthères cordées, à sommet pointu, de 1 mm env. ; disque annulaire, rayé, 5-lobé, autour du pistillode atrophié. *Fleurs* ♀ de 10 mm de diamètre : sépales verts, de 2 × 3 mm, à marge irrégulièrement et finement dentée ; pétales oranges, largement ovés, de 4-5 × 3,5 mm env., à marge finement dentée ; staminodes absents ; disque annulaire, 5-anguleux ; ovaire conique, de 4-5 mm, soudé et enfoncé dans le disque sur 1/4 env., triloculaire, contenant 6 ovules bisériés par loge ; style cylindrique ; stigmate 3-lobé.

Capsule brun rougeâtre, sub-sphérique, de 10-13 × 7-8,5 mm, à sommet longuement acuminé, à 3 valves elliptiques. Graines, 3-6 par loge, brun foncé, dressées, sub-sphériques, de 3 × 2 mm, à testa lisse, ± scalariforme, enveloppées à la base et jusqu'au milieu d'un arille orange. – Pl. **7** p. 43.

TYPE : *MacKee 18661* (holo-, P! ; iso-, P! Z!).

Cette nouvelle espèce est connue de deux localités de la côte est, en forêt humide, sur schistes, entre 400 et 900 m. Elle se distingue facilement par ses fruits longuement acuminées, les 6 ovules par loge et les pédicelles assez longs.

MATÉRIEL ÉTUDIÉ :

MacKee 18661, Hienghène, Ouenguip, 400 m, 18.4.1968 (fl. ♀, fr.) ; *18663*, idem (fl. ♂) ; *26418*, Touho, Tonine, 900 m, 16.3.1973 (fr.).

7. **MAYTENUS** Molina

Saggio Chile, ed. 1 : 177 (1782) ; BOSC, Nouv. Dict. Hist. Nat. **14** : 211 (1803) ; LOES., Nat. Pflanzenfam., ed. 2, **20b** : 134 (1942) ; EXELL, Bol. Soc. Brot., ser. 2, **26** : 222 (1952) ; LOURTEIG & O'DONELL, Natura **1** : 184 (1955) ; MARAIS, Bothalia **7** : 381 (1960) ; DING HOU, Fl. Males., ser. 1, **6** : 238 (1962) ; N. ROBSON, Bol. Soc. Brot., ser. 2, **39** : 6 (1965) ; JESSUP, Fl. Australia **22** : 159 (1984).
– *Scytophyllum* ECKL. & ZEYHER, Enum. : 124 (1835).
– *Boaria* DC., Prodr. **8** : 299 (1844).
– *Monteverdia* A. RICH. *in* SAGRA, Hist. Phys. Cuba, Bot. Pl. Vasc. **10** : 346 (1845).
– *Tricerma* LIEBM., Vidensk. Meddel. Dansk Naturhist. Foren. Kjobenhaven : 97 (1853).
– *Celastrus* sect. *Gymnosporia* WIGHT & ARN., Prodr. Ind. Orient. : 159 (1834).
– *Gymnosporia* (WIGHT & ARN.) HOOK. f. *in* BENTH. & HOOK. f., Gen. Pl. **1** : 365 (1862), *nom. cons.* ; LOES., Bot. Jahrb. Syst. **39** : 160 (1906) ; Nat. Pflanzenfam., ed. 2, **20b** : 147 (1942) ; DING HOU, Ann. Missouri Bot. Gard. **42** : 215 (1955).

Pour une discussion plus approfondie de la taxonomie voir DING HOU, *l.c.* : 238 (1962) et KHANNA, J. Econ. Tax. Bot. **8** (1) : 236 (1986).

Arbustes dressés ou petits arbres ; rameaux ± cylindriques, glabres [à l'état juvénile parfois pileux], sans épines [ou avec des épines sur des rameaux courts et/ou à l'aisselle des feuilles]. *Feuilles* pétiolées, alternes, rarement opposées ou verticillées sur des rameaux courts, de forme et texture très variables, parfois dans la même espèce ; stipules absentes [ou stipules petites, lancéolées, un peu laciniées, caduques].

Inflorescences axillaires, en cymes, 1 à plusieurs à l'aisselle d'une feuille, parfois agrégées dans la partie supérieure des rameaux courts.

Fleurs bisexuées, parfois unisexuées, ± actinomorphes, petites, à pédicelle articulé. Sépales 5 (ou 4) à préfloraison imbriquée. Pétales 5 (ou 4), blancs, jaunes ou rougeâtres, parfois récurvés après l'anthèse. Étamines 5, insérées au bord ou juste au-dessous du bord du disque ; filets subulés ; anthères ± cordées, à déhiscence ± introrse, dorsi-basifixes, versatiles. Disque charnu, plat ou rarement cupuliforme, rond ou faiblement 5-anguleux. Ovaire libre ou enfoncé dans le disque à la base ou rarement plus profondément, la partie libre étant sub-sphérique ou faiblement conique ; loges 2 ou 3 parfois incomplètes contenant chacune 2 ovules anatropes, insérés basalement à l'angle interne ; style absent ou cylindrique ; stigmate à 3 (ou 2) lobes ou fourchu. Fleurs ♀ à petits staminodes.

Fruits : capsules loculicides, oblongues, pyriformes ou sub-sphériques. Graines, 1 ou 2 par loge, ovoïdes, à testa coriace ou crustacé, pourvues d'un arille au moins à la base, après la déhiscence restant collées dans les valves écartées ; albumen blanchâtre, copieux, charnu ou absent ; embryon droit à cotylédons arrondis.

TYPE : *Maytenus boaria* Molina.

Ce genre pantropical comprend plus de 200 espèces de l'Ancien et du Nouveau Monde. Le centre le plus important de distribution et de diversification est en Afrique. En Nouvelle-Calédonie les nombreux taxons spécifiques antérieurement distingués ont finalement été regroupés en un seul.

Quelques espèces, comme *M. heterophylla* (Eckl. & Zeyher) Robson, *M. mossambicensis* (Klotzsch) Blakelock et d'autres, sont utilisées en médecine traditionnelle en Afrique pour traiter la dysenterie ou différentes tumeurs. L'effet antinéoplasique pourrait être dû aux maytensinoïdes qui sont, *in vivo*, des inhibiteurs de tumeurs (J. BURGHART, Struktur neuer Spermidinalkoloide aus *Pleurostylia* und *Maytenus* Arten, Dissertation : 1-164, 1979, München).

MOLINA, en 1782, a établi le genre sur des espèces sud-américaines ; en 1834 WIGHT & ARNOTT ont créé *Gymnosporia* pour les espèces africaines. LOESENER, en 1942, distinguait les deux genres sur la présence d'épines et d'inflorescences sur les rameaux courts. EXELL (*l.c.* : 26, 1952), BRENAN (Mem. New York Bot. Gard. **8** : 238, 1953), BLAKELOCK (Kew Bull. 2 : 237, 1956) et d'autres botanistes ont considéré cette séparation comme très artificielle. En 1955, DING HOU (*l.c.* : 215-302, 1955), après une étude approfondie, a conclu que les deux genres étaient très proches, mais distincts. Cependant en 1962, il estimait (*l.c.* : 238, 1962) que les critères de séparation n'étaient pas satisfaisants et plaçait *Gym-*

nosporia dans la synonymie de *Maytenus*. Les études palynologiques de LOBREAU-CALLEN (Adansonia, ser. 2, **15** (2) : 215-223, 1975) ont confirmé l'identité de *Gymnosporia* et *Maytenus*.

Maytenus fournieri (Pancher & Sébert) Loesener

Nat. Pflanzenfam., ed. 2, **20b** : 137 (1942) ; GUILLAUMIN, Fl. Anal. Synopt. Nouv.-Caléd. : 195 (1948).
- *Celastrus fournieri* PANCHER & SÉBERT, *in* SÉBERT, Rev. Mar. et Colon. **41** : 209 (1874).
- *Gymnosporia fournieri* (PANCHER & SÉBERT) LOES., Bot. Jahrb. Syst., **39** : 163 (1906).
- *G. bureaviana* LOES., *l.c.*.: 162 (1906) ; *syn. nov.* – Lectotype (désigné ici) : *Balansa 2163 b* (P!).
- *Maytenus bureaviana* (LOES.) LOES., *l.c.* : 137 (1942).
- *Gymnosporia deplanchei* LOES., *l.c.* : 162 (1906) ; *syn. nov.* – Syntypes : *Deplanche 252bis* (P!), *252 bis et 304* (P!).
- *G. drakeana* LOES., *l.c.* : 160 (1906) ; *syn. nov.* – Type : *Balansa 3494* (holo-, iso-, P!).
- *Maytenus drakeana* (LOES.) LOES., Nat. Pflanzenfam., ed. 2, **20b** : 137 (1942).
- *Gymnosporia pancheriana* LOES., *l.c.* : 161 (1906) ; *syn. nov.* – Type : *Balansa 2162* (holo-, P!).
- *Maytenus pancheriana* (LOES.) GUILLAUMIN, Bull. Mus. Hist. Nat. Paris, ser. 2, **14** : 353 (1942).
- *Gymnosporia sebertiana* LOES., *l.c.* : 161 (1906) ; *syn. nov.* – Type : *Balansa 3319 a* (holo-, P!).
- *Maytenus sebertiana* (LOES.) LOES., *l.c.* : 137 (1942).
- *Gymnosporia dognyensis* GUILLAUMIN, Bull. Mus. Hist. Nat. Paris **32** : 229 (1926) ; *syn. nov.* – Type : *Le Rat s.n.* (holo-, P!).
- *Maytenus dognyensis* (GUILLAUMIN) GUILLAUMIN, Mém. Mus. Natl. Hist. Nat., ser. Bot., **8** : 133 (1959).
- *Gymnosporia hybanthifolia* GUILLAUMIN, Bull. Soc. Bot. France **73** : 431 (1926) ; *syn. nov.* – Type : *Brousmiche 651* (holo-, P!).
- *Maytenus hybanthifolia* (GUILLAUMIN) GUILLAUMIN, Mém. Mus. Natl. Hist. Nat., ser. Bot., **4** : 16 (1953).

Arbrisseau dressé ou arbre, de 0,6-3(-15) m, à écorce brune à noire, en partie tachée de blanc ; rameaux ± cylindriques, à l'état juvénile anguleux, pourvus de côtes épaisses longitudinales. *Feuilles* alternes ou en partie opposées, coriaces, vert foncé au-dessus, plus claires au-dessous, brillantes, exstipulées ; pétiole de 2-6 mm ; limbe obové à largement obové, elliptique, oblong ou ové-lancéolé, de 2-7 × 0,9-2,5(-3) cm, à base cunéiforme à atténuée, à sommet pointu, arrondi, émarginé ou obtus, à marge entière, crénelée à fortement crénelée, révolutée ; nervation brochidodrome et réticulée, nervure médiane faiblement saillante ou en creux, nervures secondaires, tertiaires et nervilles ± distinctes des deux côtés.

Inflorescences à 1-5 degrés de ramification, longues de 1,5-5 cm, multiflores, axillaires et terminales ; pédoncules primaires de 9-30 mm, axes secondaires de 2-6 mm, axes de 3e-5e ordre de 0,75-3 mm ; pédicelles de 0,75-4 mm ; bractées et bractéoles de 0,75-1 mm, lancéolées. Fleurs bisexuées, de 3-8(-8,5) mm de diamètre : sépales verts, arrondis, de 0,75 × 1,25-2 mm, à marge irrégulièrement dentée ; pétales blancs, linguiformes, de 2-3 × 1-2 mm, à marge finement érodée ; étamines de 1,2-2,2 mm, à filets minces, subulés, de 0,75-2 mm, à anthères largement ovées, cordées ou elliptiques, à sommet obtus, de 0,25-0,6 mm, à loges séparées jusqu'au milieu ; disque cupuliforme ou plat et étalé, 5-anguleux à légèrement 5- lobé ; ovaire soudé au disque seulement à la base, conique à sub-sphérique, de 1,5-1,75 mm, tri- ou biloculaire, contenant 2 ovules par loge ; stigmate trilobé.

Capsule brun jaunâtre, ovée à oblongue-elliptique ou sphérique à obcordée et anguleuse, de 5-7 × 4,5-8 mm, surmontée du style punctiforme ou du reste du style de 1,5-2 mm ; 3 valves elliptiques. Graines, 1-2 par loge, brun noirâtre, de 3 × 1-2 mm env., ovoïdes, ± comprimées latéralement, à testa aréolé, pourvues d'un arille seulement à la base. – Pl. **1** p. 9.

Dans l'abondant matériel récolté, les spécimens provenant de l'extrême sud et de la région de Thio se distinguent par leurs fleurs plus petites portées par des inflorescences peu ramifiées et par la forme de leurs fruits. Ces caractères, complétés par des observations sur le terrain, nous ont conduit à reconnaître deux sous-espèces.

CLÉ DES SOUS-ESPÈCES

1. Pédicelles de 1-4 mm ; fleurs de 6-8(-8,5) mm de diamètre. Fruits ovés à oblongs-elliptiques, de 6-7 × 4,5-5 mm .... a. subsp. *fournieri*

1'. Pédicelles de 0,75 mm env. ; fleurs plus petites, de 3-3,5 mm de diamètre. Fruits largement ovés à obcordés ou sphériques, de 5 × 5-8 mm. b. subsp. *drakeana*

a. subsp. **fournieri**

Arbrisseau dressé ou arbre, de 1-2,5(-15) m ; tronc atteignant 40 cm de diamètre ; écorce brune à noire. *Feuilles* alternes, parfois en partie opposées ; pétiole de 2-4 mm ; limbe obové, elliptique, oblong, de (2-)4-6 × 0,9-1,5 cm, à base cunéiforme à atténuée, à sommet pointu, obtus, arrondi ou émarginé, à marge entière, crénelée à fortement crénelée, surtout dans la partie supérieure.

Inflorescences à 2-5 degrés de ramification, longues de 2-5 cm ; pédoncules primaires de 15-20 mm, axes secondaires de 5-6 mm, axes de 3e-5e ordre de 1-3 mm ; pédicelles de 1-4 mm. Fleurs de 6-8(-8,5) mm de diamètre : pétales de 2,5-3 × 2 mm ; étamines de 1,2-2,2 mm, à filets de 1,25-2 mm, à anthères* largement ovées, cordées, elliptiques, de 0,3-0,6 mm ; disque plat et étalé, légèrement 5-lobé ; ovaire conique à sub-sphérique, triloculaire.

Capsule brun jaunâtre, ovée à oblongue-elliptique, de 6-7 × 4,5-5 mm, surmontée du reste du style long de 1,5-2 mm.

LECTOTYPE (désigné ici) : *Pancher s.n.*, « *Catha angulata* » (P! ; iso-, P!).

SÉBERT ne cite pas de spécimen après la description de *Celastrus fournieri* dans la Revue Maritime et Coloniale de 1874 ; mais à la page 245 de la même publication se trouve un tableau alphabétique des noms de plusieurs essences de bois avec les numéros d'ordre des principales collections de France. Le seul spécimen cité est *Pancher 71*, collect. Fontainebleau, numéro également relevé pour « *Catha angulata* », nom qui n'est pas mentionné ailleurs dans le texte. LOESENER (1906) cite : *Balansa 574, 2163, 2163a, 3495* et *Baudouin 1868, Deplanche 1870 pp.* et *Pancher 1870* (chiffres correspondant sans doute aux années de récolte ou de réception), en supposant qu'il s'agit de l'espèce publiée et nommée par SÉBERT *Celastrus fournieri* Pancher & Sébert. Il constate que, dans l'herbier de Paris, l'échantillon de PANCHER mentionné porte un autre nom qui apparemment n'a jamais été publié et ne propose pas de type. C'est le spécimen de PANCHER portant l'intitulé « *Catha angulata* » qui est choisi ici pour la lectotypification.

M. fournieri subsp. *fournieri* est commun dans tout le sud et sur les massifs isolés de la côte ouest jusqu'aux îles Bélep. On le trouve sur terrain ultrabasique en forêt hygrophile, mais aussi sur terrain rocailleux ferrugineux et sur schistes nummulitiques. Localement il peut constituer l'espèce dominante dans le maquis et les formations paraforestières.

MATÉRIEL ÉTUDIÉ :

Aubréville & Heine 105, Mt Dore, 26.6.1965 (fl., fr.).
Balansa 571, Nouméa, sept.1868 (fr.) ; *961*, Mt Mi, 25.3.1869 (fl.) ; *2162*, Port Bouquet, 21.9.1869 (fr.) ; *2163*, Nouméa, 3.6.1869 (fl.) ; *2163a*, S Canala, 800 m, 11.1869 (fr.) ; *2163b*, Houaïlou, 12.9.1869 (fr.) ; *3319*, entre Tchiaor et Pouébo, mars 1871 (fl.) ; *3319a*, Poum, mai 1871 (fl.) ; *3495*, Nouméa, mai 1872 (fl.).
Baudouin 692, *736*, s. loc., (fl.) ; *943*, s. loc., 1868 (fl.).
Baumann 14434, *14494*, L'Ermitage, 400 m, 4.7.1951 (fr.) ; *14465*, idem (fl.) ; *15570*, Couvélée, 29.9.1951.
Bernardi 9538, Mé Maoya, 1000 m, 10.7.1965 (fl.) ; *12541*, Mt Kaala, 200 m, 4.4.1968 (fl.) ; *12657*, Poum, 412 m, 10.4.1968 (fl.).
Blanchon 229, Tontouta, Mine Liliane, 27.6.1963 (fl.).

* Les anthères se détachent dès le début de l'anthèse et manquent dans la plupart des fleurs ouvertes.

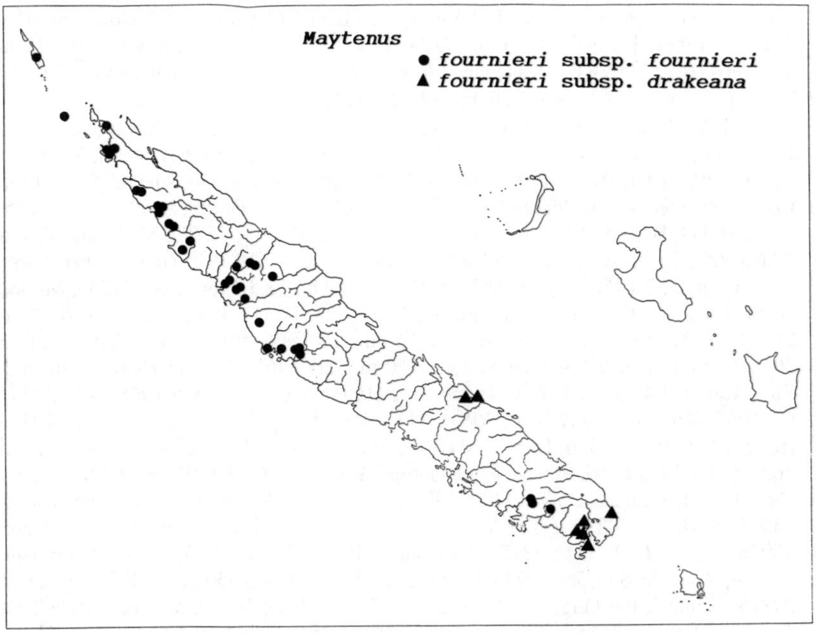

Brousmiche 651, Nouméa, 18.7.1882 (fl.).
Cabalion 630, Mt Kaala, 19.6.1978 (fl., fr.).
Cribs 1108, s. loc., (fl.) ; *1188*, Néaria, 100 m, mars 1901 (fl.) ; *1204*, ibid., mai 1901 (fl.).
Däniker 1145, Koné, 7.2.1925, Z ; *1326*, Piton Pandop, 20.2.1925 (fl.) ; *1373*, *1373d*, Massif de Tiébaghi, 12.3.1925 (fl.), Z ; *1519*, Riv. Nomatch, 4.4.1925 (fl.), Z ; *1583*, Ile Yandé, 7.4.1925 (fl.), Z ; *2895*, Ile Art, 8.5.1925 (fl.), Z.
Debray 2398, Petit Boulinda, 9.7.1975 (fr.).
Deplanche 31, s. loc., (fl., fr.) ; *252 bis*, Paaba, Poum, Néné, 1861-67 (fl., fr.) ; *252bis et 304*, ibid., 1867 (fl.) ; *305*, Poum, 1861-67 (fr.).
Fetscherin s.n., entre Thio et Houaïlou, 1910 (fl.).
Franc 2230, L'Ermitage, 8.8.1926 (fl.).
Gervais s.n., Ilot Yen-Guen, 1885 (fl.).
Godefroy (*herb. d'Alleizette 134 NC*), Magenta, 1910 (fl.) ; *s.n.*, Balade 1910 (fl.).
Guillaumin 13398, S Koumac, 19.5.1951 (fl.).
Guillaumin & Baumann 12179, haute Riv. Voh, 12.4.1951 ; *12183*, ibid., 12.4.1951, Z ; *12253*, *12267*, *12285*, Oua Tilou, 300 m, 13.4.1951 (bout.) ; *13125*, *16164*, Riv. Couvélée, 9.5.1951 (fl.).
Hürlimann 1155, haute Tipindjé, Paoué, 13.4.1951 (bout.) ; *1291*, S Mt Poindas, 21.4.1951 (bout.).
Jaffré 184, Col de Petchicara, 1.4.1969 (fl., fr.) ; *710*, Mt Koniambo, 900 m, 22.2.1972 (fl.) ; *788*, ibid., 100 m, 1.6.1972 (fl., fr.) ; *1130*, Mt Boulinda, Base W, 12.6.1973 (fl.) ; *1344*, Népoui, 8.6.1975 (fl., fr.) ; *1414*, Massif de Tiébaghi, 400 m, 15.10.1975 (fr.) ; *1726*, Koungouhaou, 650 m, 2.5.1976 (fr.) ; *2345*, Mt Boulinda, 850 m, 22.2.1978 (fl.) ; *2441*, Base de la Tiébaghi, 5.5.1978 (fr.) ; *2538*, Tontouta, 25.7.1984 (fl.) ; *3207*, Mé Maoya, 780 m, 30.11.1992 (fr.).

Le Rat 548, Nouméa, Magenta, (fl.) ; *569*, s. loc. (fr.) ; *688*, s. loc. ; *702*, Houaïlou, (fl.) ; *1019*, Dumbéa, Prise d'eau, (fr.) ; *1124*, s. loc., (fl.) ; *2252*, Dumbéa, Prise d'eau, sept.1904 (fr.) ; *2362*, Riv. Ouanéoué, 9.1904 (fr.) ; *s.n.*, Plateau de Dogny, janv. 1910 (fl.).

Lécard 70, s. loc. ; *114A*, Ouraï, (fr.) ; *114A-55*, s. loc., (fr.).

MacKee 2494, Dumbéa, 8.5.1955 (fl.) ; *4223*, Voh, 30.3.1956 (fl.) ; *4419*, Nouméa, Port Despointes, 30 m, 17.4.1956 (fl.) ; *4576*, Voh, 10 m, 19.5.1956 (fl.) ; *4613*, Mt Kaala, 150 m, 20.5.1956 (fl.) ; *4827*, Massif de Tiébaghi, 500 m, 14.6.1956 (fr.) ; *4892*, Confluent Tontouta-Kalouéhola, 15.7.1956 (fl.) ; *5079*, Dumbéa, 50 m, 18.8.1956 (fr.) ; *10054*, Base du Mt Katépahié, 50 m, 19.1.1963 (fl.) ; *12760*, Mt Kaala, 100 m, 12.6.1965 (fl.) ; 13605, Base du Mt Katépahié, 30 m, 12.10.1965 (fr.) ; *14401*, Sarramea, 50 m, 22.2.1966 (fl.) ; *14587*, Mt Kaala, 600 m, 18.3.1966 (fl.) ; *14659*, Monéo, 20 m, 4.4.1966 (fl., fr.) ; *14680*, Poro, 30 m, 6.4.1966 (fl., fr.) ; *14791*, Poro, 30 m, 29.4.1966 (fl.) ; *14898*, Col de Nékoro, 150 m, 8.5.1966 (fl.) ; *16613*, Nehoué, 50 m, 20.4.1967 (fl.) ; *16814*, Col de Nékoro, 150 m, 22.5.1967 (fl., fr.) ; *18606*, Plateau de Tiéa, 400 m, 4.4.1968 (fl., fr.) ; *19353*, Ile Pott, Panane, 60 m, 29.8.1968 (fr.) ; *20361*, Oundjo, 50 m, 24.3.1969 (fl.) ; *20846*, Houaïlou, Presqu'île de Ba, 200 m, 24.4.1969 (fr.) ; *22030*, Poya, 20 m, 14.6.1970 (fl.) ; *22066*, Népoui, Presqu'île de Mouéo, 10 m, 16.6.1970 (fl.) ; *22086*, Presqu'île de Gatope, 150 m, 27.6.1970 (fl., fr.) ; *22107*, haute Tipindjé, Mt Poindas, 250 m, 28.6.1970 (fl.) ; *22390*, Presqu'île de Gatope, 100 m, 15.8.1970 (fr.) ; *22627*, Ile Yandé, Pouagone, 50 m, 6.10.1970 (fl., fr.) ; *23189*, Baaba, 100 m, 6.1.1971 (fl., fr.) ; *23423*, La Coulée, 10 m, 17.3.1971 (fl.) ; *23598*, leg. *Corbasson*, Koumac, 5 m, 7.4.1971 (fl., fr.) ; *23642*, Oua Tilou, 450 m, 24.4.1971 (fl., fr.) ; *23815*, Néhoué, Pic Ougne, 350 m, 28.5.1971 (fl., fr.) ; *24703*, Nouméa, Baie Tina, 28.11.1971 (fr.) ; *25152*, ibid., 16.3.1972 (fl.) ; *25191*, ibid., 9.4.1972 (fl.) ; *25304*, Pouembout, 30 m, 16.4.1972 (fl.) ; *25388*, Mt Aoupinié, 550 m, 27.4.1972 (fl., fr.) ; *25547*, Tiwaka, entre Pombei et Bopope, 250 m, 31.4.1972 (fl., fr.) ; *25567*, Mt Boulinda, 1200 m, 1.6.1972 (fl., fr.) ; *25576*, Pouembout, 30 m, 21.6.1972 (fl., fr.) ; *26969*, Nouméa, Baie Tina, 24.6.1973 (fl.) ; *28517*, Népoui, 5 m, 23.4.1974 (fl.) ; *28558*, Poya, Avangui, 200 m, 25.4.1974 (fl.) ; *28564*, Poya, Népou, 5 m, 25.4.1974 (fl.) ; *28598*, Pouembout, 100 m, 26.4.1974 (fl.) ; *28618*, S Mt Koniambo, 800 m, 7.5.1974 (fl.) ; *29573*, Plateau de Tiéa, 400 m, 27.7.1974 (fr.) ; *29579*, ibid., 27.12.1974 (fl., fr.) ; *29942*, Ponérihouen, Mou, 20 m, 24.3.1975 (fl.) ; *30789*, Dumbéa, 30 m, 29.2.1976 (fl.) ; *33150*, Col Toma, 450 m, 12.5.1977 (fl., fr.) ; *33230*, leg. *Cherrier*, Poindimié, Povila, 200 m, 20.5.1977 (fl., fr.) ; *33624*, Poya, Ndokoa, 50 m, 14.8.1977 (fl.) ; *35252*, Poindimié, 20 m, 1.6.1978 (fl.) ; *35255*, ibid., Paama, 50 m, 1.6.1977 (fl., fr.) ; *35296*, ibid., Povila, 50 m, 24.6.1978 (fl., fr.) ; *35376*, Taom, Ouéou, 100 m, 4.7.1978 (fl., fr.) ; *36165*, Monéo, 150 m, 5.12.1978 (fr.) ; *37105*, Ponérihouen, Mou, 50 m, 4.7.1979 (fr.) ; *37927*, Tinip, 150 m, 25.3.1980 (fl.) ; *38952*, Pouembout, 30 m, 16.4.1981 (bout.) ; *39191*, Mt Oua Tilou, 400 m, 10.6.1981 (fl., fr.) ; *39177*, Népoui, 10 m, 9.6.1981 (bout., fl.) ; *39434*, leg. *Cherrier*, Poya, Beaupré, 10 m, 6.8.1981 (fl., fr.) ; *39547*, Népoui, 10 m, 16.9.1981 (fl., fr.) ; *39776*, Poya, Beaupré, 10 m, 20.10.1981 (fl.) ; *40365*, W Mt Taom, 900 m, 24.4.1982 (fl., fr.).

MacMillan 5155, entre Thio et Canala, 125 m, 25.7.1952 (fr.) ; *5208*, entre Ponérihouen et Houaïlou, 15-25 m, 5.8.1952 (fr.).

McPherson 2681, Mt Boulinda, 50 m, 21.5.1980 (fl.) ; *2707*, Massif de Tiébaghi, 5 m, 23.5.1980 (fl.) ; *3755*, Tontouta, 50 m, 28.4.1981 (fl.) ; *3784*, Route Tiwaka-Koné, 3.5.1981 (fl.) ; *4342*, Mt Koniambo, 200 m, 10.11.1981 (fr.) ; *5026*, ibid., 750 m, 13.10.1982 (fr.) ; *5539*, Pouembout, 400 m, 3.3.1983 (fl.).

Montrouzier 28, s. loc. (fr.).

Morat 8011, Bourail, Mé Adéo, 600-700 m, 24.3.1988 (fl.).

Müller 145, 146, 147, Mt Koniambo, 900-990 m, 6.11.1990 (fr.) Z ; *185, 188, 195, 197*, Poum, 13.11.1990 ; *205, 206*, Paagoumène, 14.11.1990, Z.
Pancher 31 (*Mus. Néocal. 91*), s. loc., K ; *124*, s. loc. (fl.) ; *s.n.* (*Mus. Néocal. 212*), s. loc., 1862 (fl., fr.) ; *s.n.* « *Catha angulata* », s. loc. (fl., fr.).
Phillips & R. Schmid 3256, Tontouta, Mine Liliane, 90-110 m, 18.8.1978 (fl.).
Schmid 1452, Oundjo, 15.9.1966 (fr.) ; *2776*, Col de Petchicara, 1.4.1969 (fl., fr.).
Suprin 1720, Mt Katépahié, 23.3.1982 (fl., fr.) ; *1961*, Poum, 9.6.1982 (fl., fr.).
Thorne 28231, Mt Kaala, 23.10.1959 (fr.) ; *28247*, Mt Koniambo, 24.10.1959 ; *28479*, Tontouta, 3.11.1959 (fr.).
Veillon 1667, Dumbéa N, 26.3.1968 (fl.) ; *1712*, Mt Boulinda, 200 m, 22.4.1968 (fl.) ; *1749*, ibid., 800 m, 22.4.1968 (fl., fr.) ; *1824*, Col de Parari, 300 m, 3.7.1968 (bout.) ; *3744*, S Ile Pott, 27.8.1978 (fl., fr.) ; *3863*, Ponandou, 11.1978 (fl.) ; *4454*, Massif de Tiébaghi, 350 m, 12.5.1981 (fl.) ; *4483*, Paagoumène, 13.5.1981 (fl.) ; *5714*, Tontouta, 150 m, 25.7.1984 (fl.) ; *6012*, ibid., 7.10.1986 (fl.) ; *6383*, Poya, Moindah, 29.6.1987 (fl.) ; *6425*, Népoui, Pindai, 15-20 m, 2.7.1987 ; *6731*, Bokoua, 24.3.1988 (fl., fr.) ; *6912*, Poya, Nékoro, 5 m, 28.9.1988 (fl., fr.).
Vieillard 274, Balade, 1855-60, (fl., fr.) ; *279*, ibid., 1855-60 (fl., bout.) ; *280*, ibid., 1855-60 (fl.) ; *316*, Balade, 1855-60 (fl.) ; *316*, Wagap, 1861-67 (fl., fr.) ; *338*, Balade, 1855-60 (fl.) ; *2473*, Poindimié, Wagap, 1861-67 (fl.) ; *2474*, Wagap, 1861-67 (bout., fr.) ; *2475*, Poum, 1861-67 (fl., fr.) ; *2475*, Gomen, 1861-67 (fl., fr.) ; *2476*, Wagap, 1861-67 (bout., fl.) ; *2477*, ibid., 1861-67 (fl., fr.).
Virot 826, Nouméa, Port Despointes, 30 m, 21.11.1942 (fr.) ; *884*, ibid., 40 m, 6.12.1942 ; *919*, ibid., 50 m, 13.12.1942.
Webster & Hildreth 14640, Pouembout, W Plateau de Tiéa, 50 m, 9.8.1968 (fr.) ; *15299*, Koumac, Ruisseau des Galets, 20 m, 10.8.1968 (fl., fr.).

Les spécimens récoltés sur le Mt Koniambo se caractérisent par leur petite taille (30-40 cm), probablement en liaison avec l'altitude, et par leurs inflorescences ramifiées seulement 1 ou 2 fois. N'ayant pas observé de fruits, nous préférons simplement mentionner ce groupe, sans lui donner de statut taxonomique.

b. subsp. **drakeana** (Loesener) I.H. Müller, *comb. et stat. nov.*

– *Gymnosporia drakeana* LOES., Bot. Jahrb. Syst. **39** : 160 (1906).
– *Maytenus drakeana* (LOES.) LOES., Nat. Pflanzenfam., ed. 2, **20b** : 137 (1942) ; GUILLAUMIN, Fl. Anal. Synopt. Nouv.-Caléd. : 195 (1948).

Arbrisseau de 0,6-3 m, à écorce noire. *Feuilles* alternes, en partie opposées ; pétiole de 3-6 mm ; limbe obové, largement obové, elliptique à ové-lancéolé, de 3-7 × 1,4-2,5(-3) cm, à base atténuée, à sommet pointu, arrondi ou émarginé, à marge entière ou crénelée dans la partie supérieure.

Inflorescences à 1-3 degrés de ramification, longues de 1,5-4 cm ; pédoncules primaires de 9-30 mm, axes de 2e ordre de 2-5 mm, axes de

3ᵉ ordre de 0,75-1 mm ; pédicelles de 0,75 mm env. Fleurs de 3-3,5 mm de diamètre : pétales de 2-3 × 1-1,5 mm ; étamines de 1,75-2 mm, à filets de 0,75-1,25 mm, à anthères cordées, de 0,25-0,5 mm ; disque cupuliforme ; ovaire légèrement conique, tri- à biloculaire.

Capsule largement ovoïde, sphérique ou obcordée et anguleuse, de 5 × 5-8 mm, coiffée du style punctiforme.

TYPE : *Balansa 3494* (holo-, iso-, P!).

Maytenus fournieri subsp. *drakeana* est localisé dans le sud de la Grande-Terre et sur la côte est, dans la région de Thio ; il croît en maquis et en forêt littorale, sur serpentine, jusqu'à 300 m d'altitude.

MATÉRIEL ÉTUDIÉ :

Balansa 3494, Vallée du Dothio, janv.1872 (fl.) ; *3494 a*, Nouméa, mai 1872.
Baumann 14359, Ouroué, 29.7.1951 (fl., fr.).
Blanchon 780, Plaine des Lacs, Noumoindé, 6.5.1964 (fl., fr.) ; *769*, Goro, (fr.).
Cribs 1423, Port Boisé, août 1903 (fl., fr.).
Franc 1712, Prony, 3.1914 ; *1712 A*, ibid., mars 1914 (fl.).
Godefroy (*herb. d'Alleizette 412 NC*) Prony, juill. 1910 (fr.) ; *s.n.*, ibid., août 1910 (fr.).
Jaffré 1758, Plaine des Lacs, mars 1976 (fr.) ; *1797*, Route de Prony, 9.9.1976.
MacKee 26941, Port Boisé, 10 m, 13.7.1973 (fl., fr.) ; *34834*, Yaté, 300 m, 10.3.1978 (fl.) ; *38093*, Touaourou, 150 m, 4.5.1980 (fl.) ; *40329*, *40331*, *leg. Cherrier*, Prony, Ilot Montravel, 21.4.1982 (fl., fr.).
McPherson 2777, Port Boisé, 11.6.1980 (fr.).
Müller 11, Prony, 28.9.1990, Z ; *85*, *86*, *87*, Port Boisé, 20-25 m, 18.10.1990 (fr.) Z ; *216*, ibid., 17.11.1990, Z.
Rordorf 146, Baie du Sud, 1903 (bout.), Z.
Suprin 1817, Prony, Ilot Montravel, 21.4.1982 (fr.).
Veillon 1927, Port Boisé, 23.4.1969 (fl.) ; *3248*, ibid., 6.6.1977 (fl., fr.).

GENRE ET ESPÈCE EXCLUS

Phocea andersonii Seem., J. Bot. **8** : 69 (1870) = **Macaranga coriacea** (Baill.) Muell.-Arg. (*Euphorbiaceae*).

LORANTHACEAE

par

Bryan A. BARLOW*

2 genres, 3 espèces

JUSS., Ann. Mus, Natl. Hist. Nat., Paris **12** : 292 (1808) « *Lorantheae* » ; D. DON, Prodr. Fl. Nepal. : 142 (1825) ; BARLOW, Proc. Linn. Soc. New South Wales **89** : 268 (1965) ; Austral. J. Bot. **22** : 533 (1974) ; *in* BAAS *et al.*, Plant Diversity of Malesia : 273 (1990) ; ENGL. & KRAUSE, Nat. Pflanzenfam. ed. 2, **16b** : 137 (1935).
– *Loranthoideae* ENGL., Nat. Pflamzenfam. **3**, 1 : 177 (1889).

Arbustes buissonnants, parasites de tiges aériennes (ou rarement arbustes ou arbres parasites de racines) **. *Feuilles* décussées ou verticillées (ou rarement échelonnées ou en spirale), simples, à marge entière, à nervation pennée (ou curvinerve), sans stipules.

Inflorescences axillaires (ou terminales), multiflores, souvent racémeuses ou en ombelles ; inflorescence primaire en dichasium simple à 1-3 fleurs. *Fleurs* ⚥ (ou rarement unisexuées), actinomorphes (ou légèrement zygomorphes), généralement de plus de 5 mm de longueur. Réceptacle rempli par l'ovaire infère. Calice court, gamosépale, lobé ou tronqué, coiffant l'ovaire, dépourvu de faisceaux vasculaires. Corolle à 4-6 pétales, valvaires, libres ou soudés en un tube dans la partie inférieure. Étamines en même nombre que les pétales et opposés à eux ; filets ± longuement soudés aux pétales ; anthères à 2 ou 4 loges, parfois en position transversale, basifixes (ou dorsifixes et versatiles), à déhiscence longitudinale ; pollen généralement trilobé (rarement triangulaire ou sphérique). Ovaire uni- ou pluriloculaire, avec ou sans colonne placentaire centrale, dépourvu d'ovules différenciés ; style simple, stigmate globuleux à capité.

Fruit : drupe ellipsoïde ou ovoïde présentant une couche visqueuse à l'extérieur des faisceaux vasculaires ; une seule graine.

TYPE : *Loranthus* L.

---

* Division of Plant Industry, CSIRO, PO Box 1600, Canberra, ACT 2601, Australie.
** Caractères entre parenthèses, non observés en Nouvelle-Calédonie.

Cette famille comprend environ 65 genres et 1000 espèces surtout pantropicales, un petit nombre seulement de régions tempérées. Les Viscacées sont traitées ici comme une famille à part, alors que certains auteurs les considèrent comme une sous-famille des Loranthacées (subfam. *Viscoideae*).

Bien que les 3 espèces de Nouvelle-Calédonie soient indigènes, aucune n'est endémique. Les trois existent en Nouvelle-Guinée ; l'une d'elles est fréquente dans l'est de l'Australie, une autre est répandue dans différentes îles du Pacifique. L'un des genres trouvés en Nouvelle-Calédonie, *Amyema*, est d'origine australo-papoue, l'autre, *Amylotheca*, d'origine malaise (BARLOW, *l.c.*, 1990) ; les deux ont probablement atteint la Nouvelle-Calédonie par dispersion à grande distance à partir de la Papouasie.

La famille, qui fait clairement partie de l'ordre des Santalales, présente de fortes affinités avec les Santalacées qui sont principalement parasites de racines. Le parasitisme de tiges aériennes, qui est le cas de presque toutes les Loranthacées, est probablement dérivé du parasitisme de racines, constaté dans quelques genres primitifs de la famille.

CLÉ DES GENRES

1. Pétales soudés jusqu'à mi-hauteur ou plus. Style à articulation au-dessus de la base, marquée par un mamelon sur le fruit. Inflorescences axillaires généralement en racèmes de triades, souvent réduites à un simple racème ou même à une ombelle biflore . . . . 1. *Amylotheca*

1'. Pétales distincts depuis la base après l'anthèse. Style articulé à la base. Inflorescences axillaires surtout en ombelles de triades peu nombreuses (dans les espèces néocalédoniennes). . . . . 2. *Amyema*

1. AMYLOTHECA van Tieghem

Bull. Soc. Bot. France **41** : 261 (1894) ; DANSER, Bull. Jard. Bot. Buitenzorg, ser. 3, **10** : 300 (1929) ; **11** : 242 (1931) ; **14** : 74 (1936) ; BARLOW, Austral. J. Bot. **22** : 545 (1974) ; Blumea **38** : 109 (1993).

– *Loranthus* sect. *Amylotheca* (TIEGH.) BLAKELY, Proc. Linn. Soc. New South Wales **50** : 11 (1925)

– *Aciella* TIEGH., Bull. Soc. Bot. France **41** : 435 (1894).

– *Amylotheca* sect. *Aciella* (TIEGH.) ENGL. & KRAUSE, Nat. Pflanzenfam., ed. 2, **16b** : 139 (1935).

Arbustes buissonnants glabres, aériens, hémiparasites, avec des axes rampants (runners) à la surface des branches-hôtes. *Feuilles* décussées, penninerves, pétiolées.

Inflorescences axillaires, primitivement en racèmes subombellés de plusieurs paires de dichasia (triades) décussées, à fleur centrale sessile et fleurs latérales pédicellées, mais souvent réduites à un racème simple ou à une ombelle de triades de 2 ou même une seule fleur ; une bractée sous chaque fleur, parfois plus dans les inflorescences réduites. *Fleurs* ⚥, 6-mères, actinomorphes ; corolle renflée dans le bouton mûr, à pétales soudés jusqu'à mi-hauteur ou plus ; anthères linéaires, basifixes ; style articulé à 1-5 mm au-dessus de la base, pyramidal dans la partie inférieure.

Fruit largement ellipsoïde à globuleux, coiffé par la base persistante du style.

TYPE : *Amylotheca dictyophleba* (F. Muell.) Tiegh.

Ce genre comprend 4 espèces répandues de la région malaise à la Mélanésie ; une espèce est trouvée en Nouvelle-Calédonie.

Amylotheca dictyophleba (F. Mueller) van Tieghem

Bull. Soc. Bot. France **41** : 262 (1894) ; DANSER, Bull. Jard. Bot. Buitenzorg, ser. 3, **11** : 242 (1931) ; **14** : 81 (1936) ; ENGL. & KRAUSE, Nat. Pflanzenfam., ed. 2, **16b** : 139 (1935) ; BARLOW, Austral. J. Bot. **14** : 439 (1966) ; **22** : 547 (1974) ; Blumea **38** : 111 (1993).

- *Loranthus dictyophlebus* F. MUELL., Rep. Burdek. Exped. : 14 (1860).
- *Aciella dictyophleba* (F. MUELL.) TIEGH., Bull. Soc. Bot. France **42** : 87 (1895).
- *Elytranthe dictyophleba* (F. MUELL.) ENGL., Nat. Pflanzenfam. Nachtr. : 126 (1897).
- *Aciella pyramidata* TIEGH., Bull. Soc. Bot. France **41** : 436 (1894). – Type : *Pancher 623* (lecto-, P!).
- *Elytranthe pyramidata* (TIEGH.) ENGL., *l.c.* (1897).
- *Amylotheca pyramidata* (TIEGH.) DANSER, Bull. Jard. Bot. Buitenzorg, ser.3, **10** : 302 (1929).
- *Aciella lanceolata* TIEGH., *l.c.* : 437 (1894). – Type : *Deplanche 382* (holo-, P! ; iso-, K! L!).
- *Elytranthe lanceolata* (TIEGH.) ENGL., *l.c.* (1897).
- *Amylotheca lanceolata* (TIEGH.) DANSER, *l.c.* : 310 (1929).
- *Aciella pancheri* TIEGH., *l.c.* : 437 (1894). – Type : *Pancher s.n.*, Ile des Pins (holo-, P!).
- *Elytranthe pancheri* (TIEGH.) ENGL., *l.c.* (1897).
- *Aciella deplanchei* TIEGH., *l.c.* : 438 (1894). – Type : *Deplanche 376* (holo-, P!).
- *Elytranthe deplanchei* (TIEGH.) ENGL., *l.c.* : (1897).
- *Aciella lifuensis* TIEGH., *l.c.* : 438 (1894). – Type : *Deplanche s.n.*, Lifou (holo-, P! ; iso, K!).
- *Elytranthe lifuensis* (TIEGH.) ENGL., *l.c.* (1897).
- *Amylotheca lifuensis* (TIEGH.) DANSER, *l.c.* : 301 (1929).
- *Aciella rubra* TIEGH., *l.c.* : 438 (1894). – Type : *Balansa 1319*, Téné (holo-, P!).
- *Elytranthe rubra* (TIEGH.) ENGL., *l.c.* (1897).
- *Amylotheca rubra* (TIEGH.) DANSER, *l.c.* : 302 (1929).

– *Aciella balansae* TIEGH., *l.c.* : 439 (1894). – Type : *Balansa 2780* (holo-, P!).
– *Elytranthe balansae* (TIEGH.) ENGL., *l.c.* (1897).
– *Amylotheca balansae* (TIEGH.) DANSER, *l.c.* : 300 (1929).
– *Aciella tenuifolia* TIEGH., *l.c.* : 439 (1894). – Type : *Balansa 2780a* (holo-, P!)
– *Elytranthe tenuifolia* (TIEGH.) ENGL., *l.c.* (1897).
– *Amylotheca tenuifolia* (TIEGH.) DANSER, *l.c.* : 302 (1929).
– *Loranthus tenuifolius* F. BAILEY, Bot. Bull. Dept. Agric.**16** : 1 (1903), *non* (TIEGH.) TIEGH. (1895), *non* ENGL. (1901). – Type : *Anonyme 8*, leg. *Newport*, Mt Alexander, Queensland, nov. 1902 (holo-, BRI ! ; iso-, NSW !).
– *L. oliganthus* SCHLTR., Bot. Jahrb. Syst. **39** : 104 (1906). – Type : *Schlechter 15513* (holo-, B ; iso-, K! P! WRSL!).
– *Amyema oligantha* (SCHLTR.) DANSER, *l.c.* : 297 (1929).
– *Loranthus francii* SCHLTR., Bot. Jahrb. Syst. **40**, Beibl. 92 : 104 (1908). – Type : *Franc 58*, Mt Dzumac (holo-, B ; iso-, K! UC!).
– *Amyema francii* (SCHLTR.) DANSER, *l.c.* : 295 (1929).
– *Amylotheca francii* (SCHLTR.) DANSER, Bull. Jard. Bot. Buitenzorg, ser.3, **11** : 320 (1931).
– *Loranthus beauverdiana* F. BAILEY, Queensland Agric. J. **21** : 294 (1908). – Même type que *L. tenuifolius*.
– *L. canalensis* S. MOORE, J. Linn. Soc., Bot. **45** : 391 (1922). – Type : *Compton 1110*, Nouvelle-Calédonie, Mt Canala, 600 m (holo-, BM!).
– *Amylotheca canalensis* (S. MOORE) DANSER, Verh. Kon. Ned. Wetensch, Afd. Natuurk. **29** : 36 (1933).
– *Loranthus comptonii* S. MOORE, *l.c.* (1922). – Type : *Compton 600*, Nouvelle-Calédonie, Mt Mou, 240 m (holo-, BM).
– *Amylotheca comptonii* (S. MOORE) DANSER, *l.c.* (1933).
– *Elytranthe banksiana* GUILLAUMIN, J. Arnold Arbor. **13** : 88 (1932). – Type : *Kajewski 453*, Nouvelle-Hébrides, Vanua Lava, 300 m, 10.7.1928 (holo-, NY! ; iso-, BRI, K! S!).
– *Lysiana banksiana* (GUILLAUMIN) DANSER, Recueil Trav. Bot. Néerl. **31** : 233 (1934).
– *Amylotheca banksiana* (GUILLAUMIN) BARLOW, Austral. J. Bot. **22** : 546 (1974).

Arbuste buissonnant atteignant 2 m de diamètre. *Feuilles* à pétiole de 2-8 mm, ailé vers le haut ; limbe lancéolé à elliptique ou largement ové, de 5-14 × 1,5-12 cm, brièvement cunéé à presque tronqué à la base, aigu, obtus ou arrondi au sommet, généralement brillant, rarement mate au-dessus ; nervation pennée et nervilles réticulées généralement distinctes des deux côtés.

Inflorescences 1-4 à l'aisselle d'une même feuille ; axes de 3-12 (-28) mm, portant 1-3(-6) paires de triades ou de fleurs simples, ± ombellées, décussées ; pédoncules de 3-7 (-10) mm ; dans les triades, pédicelles des fleurs latérales (lorsqu'elles existent) de 2-4 mm ; bractées triangulaires, aiguës ou obtuses au sommet, étalées, longues de 1-1,5 mm. *Fleurs* à réceptacle (ovaire infère) étroitement campanulé à cylindrique, long de 2,5-5 mm ; calice long de 0,3-0,5 (-0,8) mm ; corolle longue de (28-)35-60 mm sur le bouton mûr, légèrement à fortement renflée à la base, un peu claviforme, à sommet aigu ou obtus, rarement arrondi, à

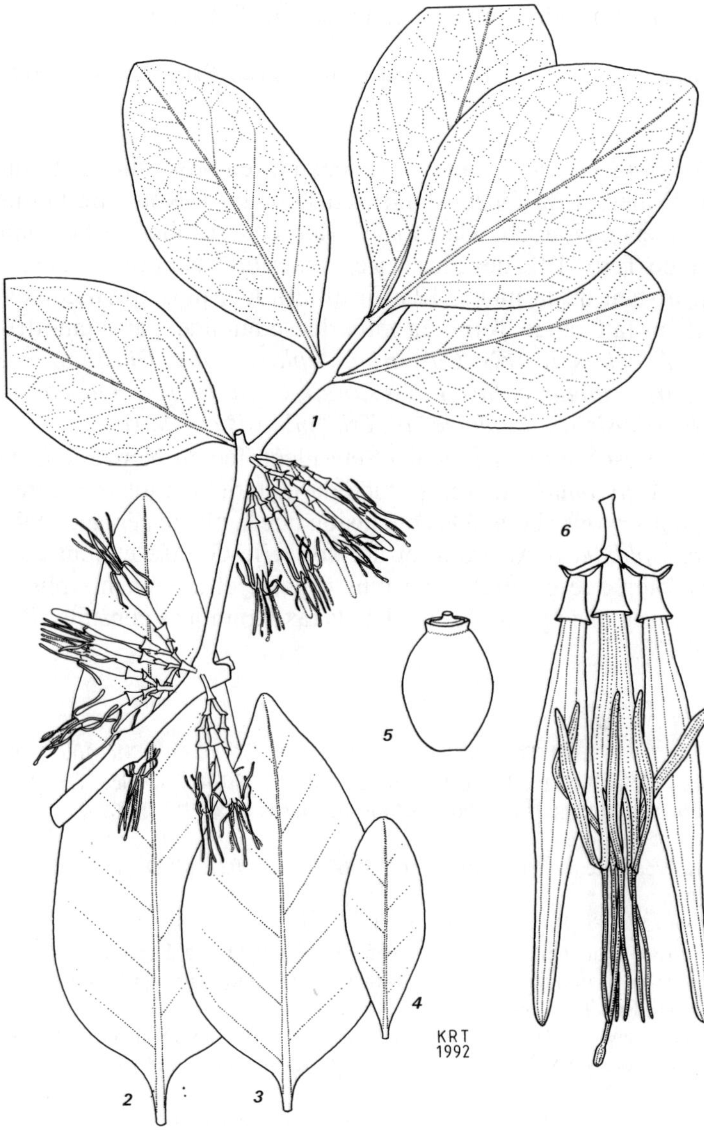

PL. 13. – **Amylotheca dictyopheba** (F. Muell.) Tiegh. : **1**, rameau florifère × 1/2 ; **2-4**, feuilles × 1/2 ; **5**, fruit × 2 ; **6**, triade × 1,5 (1, *MacKee 26422 ;* 2, *MacKee 12352* ; 3, *MacKee 12577* ; 4, *MacKee 27005* ; 5, *MacKee 22285 ;* 6, *MacKee 27192*).

pétales soudés ; anthères et partie libre des filets longues de (3)5-8 mm ; style articulé 1-3 mm au-dessus de la base.

Fruit ellipsoïde à presque globuleux, de 9-12 mm.

LECTOTYPE : *Beckler s.n.*, Hastings River, New South Wales, Australie (MEL! ; iso-, NSW).

Amylotheca dictyophleba est répandu en Australie (côte du New South Wales et du Queensland), en Papouasie-Nouvelle-Guinée, au Vanuatu et en Nouvelle-Calédonie ; dans ce territoire il est commun sur la Grande-Terre, l'Ile des Pins et a été répertorié aux Loyauté. On le trouve du niveau de la mer à 1250 m d'altitude, plus fréquemment vers 400 m sur la Grande-Terre, en forêt dense humide, parasitant des hôtes variés (*Acacia spirorbis*, *Casuarina deplancheana*, *Diospyros lecardii*, *Elaeocarpus angustifolius*, *Ficus storkii*, *Gardenia sp.*, *Hedycarya cupulata*, *Myrtopsis sp.*, *Rapanea sp.*, *Tristaniopsis calobuxus*).

Cette espèce a généralement été identifiée en Nouvelle-Calédonie comme *A. pyramidata*. Après étude du matériel complémentaire disponible, nous avons abouti à la conclusion que la plante néocalédonienne et *A. dictyophleba* d'Australie et de Nouvelle-Guinée étaient conspécifiques, bien que généralement plus robuste et à éléments plus grands dans ces régions ; pour plus de détails taxonomiques consulter BARLOW, *l.c.* (1993).

MATÉRIEL ÉTUDIÉ :

Balansa 1319, Bourail, Téné, 600 m, 17.3.1869 (fl.) ; *2780*, *2780b*, Mt Mou, 3.1870, (fl.).
Baumann 12844, Mt Humboldt, 1000 m, 23.9.1951 ; *13014*, Couvélée, 1.5.1951 (infl.) ; *13026*, idem (j.fr.) ; *15252*, Forêt « Mois de Mai », 16.8.1951 (infl.).
Bergeret 156, Lifou.
Bernardi 9683, Ile des Pins, Kunié, 16.7.1965 (fl.) ; *10021*, Mt Dogny, 900 m, 4.8.1965 (fl., fr.).
Blanchon 1571, Pic Poya, 1.3.1965 (j.fr.).
Däniker 1803, Ignambi, 1100 m, 6.6.1925 (fl.) ; *2019*, Ouvéa, Fayaoué, 13.8.1925 (fl.).
Deplanche s.n., Lifou (fr.) ; *12*, ibid., 1869 (fr.) ; *60*, ibid., 1865 ; *376*, s. loc. ; *382*, Baie de Tupiti, Riv. Toon'du, 1867.
Franc 58, Prony, mai 1914 (fr.) ; *58*, ibid., mai 1915 (fl.) ; *58*, Dzumac, 800 m, avr. 1905 (fl.) ; *58*, Forêt de Yahoué, nov. 1906, L ; *58a*, Ouénarou, 15.8.1910 (fl.), NY ; *2761*, s. loc. (infl.) NY.
Godefroy (*herb. d'Alleizette 349 NC*), Mt Mou, nov. 1910 (fl.).
Guillaumin & Baumann 13004, Ouinné, 30.4.1951 (fl.).
Hürlimann 886, Mtagne des Sources, 20.2.1951 (fl.) ; *1232*, Tchingou, 1250 m, 18.4.1951 (fl.).
Kay 50, s. loc. (fl.).
Lam 7202, Forêt de Thi, 400-500 m, 14.3.1949 (fl.).

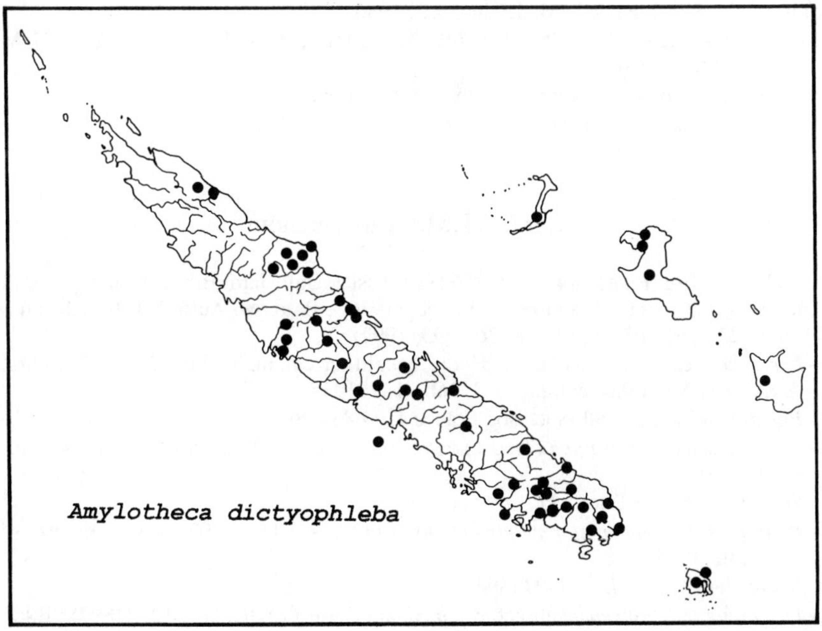

Le Rat 115, Ile des Pins, juill. 1909 (fl.) ; *2544*, Mt Dzumac, avr. 1906 (infl.) ; *2661*, ibid., avr. 1905 (fl.).

MacKee 2212, Mtagne des Sources, 800 m, 1955 ; *2236*, ibid., 1000 m, 1955 (fl.) ; *5216*, Lifou, Chépénéhé, 8.10.1956 (fl.) ; *11508*, haute Kuébini, 150 m, 6.5.1964 (fl.) ; *12352*, Col des Roussettes, 500 m, 1.4.1965 (fl.) ; *12577*, Table Unio, 800 m, 10.5.1965 (fl.) ; *13043*, Ile des Pins, Ouen Déa, 30 m, 16.7.1965 (fl.) ; *13272*, Dothio, 20 m, 20.8.1965 (fr.) ; *22285*, Ile des Pins, Gadji, 5 m, 22.7.1970 (fl.) ; *22362*, ibid., Ilot Ouaté, 10 m, 24.7.1970 (fl.) ; *25328*, Mt Aoupinié, 850-950 m, 26.4.1972 (fl., j. fr.) ; *26422*, Touho, Tonine, 800-1000 m, 16.3.1973 (fl.) ; *26847*, Ponérihouen, Crête entre haute Mou et haute Monéo, 600-700 m, 21.6.1973 (fr.) ; *27005*, Mt Boulinda, Pente S, 800 m, 30.7.1973 (fr.) ; *27192*, Lifou, Mutchaweng, 30 m, 29.8.1973 (fl.) ; *28415*, Tiwaka, Inédète, 450 m, 30.3.1974 (fl.) ; *28471*, Tiwaka, Moindip, 700 m, 31.3.1974 (fl.) ; *33110*, leg. *Boulet*, Sentier du Dzumac, 900 m, 24.4.1977 (fl.) ; *36980*, NE Grand Lac, 250 m, 4.6.1979 (fl.) ; *38838*, Col de Mouirange, 150 m, 19.3.1981 (fl.) ; *38999*, leg. *Douheret*, Plateau de Dogny, 950 m, 23.4.1981 (fl.).

McPherson 1546, Vallée de Thy, 200 m, 18.4.1979 (fl.) ; *2508*, ibid., 5.4.1980 (fl.) ; *2689*, Mt Boulinda, Pic Poya, 800 m, 22.5.1980 (fr.) ; *5642*, Mt Aréha, SW Kouaoua, 800 m, 21.4.1983 (fl.).

Morat 6554, Mt Ignambi, 600-750 m, 15.4.1980 (fl.).

Pancher s.n., Ile des Pins (fl.) ; *623*, *629*, ibid.

Sarasin 467, Maré, Netche, 3.12.1911 (fl.) ; *656*, Yaté, 19.3.1912 (fl.).

Schlechter 15513, Oubatche, 800 m, 20.12.1902 (fl.).

Schmid 2108, Ile des Pins, 13.6.1967 (fl.) ; *4944*, Mtagne des Sources, 900 m, 29.3.1974 (fl.).

Stauffer & Blanchon 5760, Mtagne des Sources, 900 m, 5.3.1964 (fl.).

Suprin 734, SE Chute de la Madeleine, 6.10.1980.
Veillon 62, Route de Yaté, 1965 (fl.) ; *803*, Mt Dzumac, 800 m 12.7.1966 (fr.) ; *2634*, Mt Ninga, 1000 m, 8.6.1972 (fl.).
Vieillard 2697, Baie de Tupiti (fl.) ; *2699*, Lifou, 1865.
Virot 713, entre Goro et le Grand Lac, 250 m, 29.3.1942 (fl.).

2. **AMYEMA** van Tieghem

Bull. Soc. Bot. France **44** : 499 (1894) ; DANSER, Bull. Jard. Bot. Buitenzorg, ser. 3, **10** : 293 (1929) ; **11** : 318 (1931) ; **14** : 87 (1936) ; BARLOW, Austral. J. Bot. **14** : 452 (1966) ; **22** : 561 (1974) ; Blumea **36** : 293 (1992).
– *Loranthus* sect. *Amyema* (TIEGH.) ENGL., Nat. Pflanzenfam. Nachtr. : 27 (1897) ; ENGL. & KRAUSE, Nat. Pflanzenfam. ed. 2, **16b** : 149 (1935).
– *Pilostigma* TIEGH., Bull. Soc. Bot. France **41** : 483 (1894).
– *Loranthus* sect. *Pilostigma* (TIEGH.) ENGL., *l.c.* : 128 (1897) ; ENGL. & KRAUSE, *l.c.* : 151 (1935).
– *Stemmatophyllum* TIEGH., *l.c.* : 499 (1894).
– *Loranthus* sect. *Stemmatophyllum* (TIEGH.) ENGL., *l.c.* : 128 (1897) ; ENGL. & KRAUSE, *l.c.* : 150 (1935).
– *Neophylum* TIEGH., *l.c.* : 499 (1894).
– *Loranthus* sect. *Amyema* subsect. *Neophylum* (TIEGH.) ENGL., *l.c.* : 127 (1897) ; ENGL. & KRAUSE, *l.c.* : 150 (1935).
– *Rhizanthemum* TIEGH., J. Bot. (Morot) **15** : 364 (1901).
– *Cleistoloranthus* MERR., Philipp. J. Sci. **4** : 150 (1909).
– *Xylochlamys* DOMIN, Bibl. Bot. **89** : 56 (1921).
– *Dicymanthes* DANSER, Bull. Jard. Bot. Buitenzorg, ser. 3, **11** : 362 (1931).
– *Loranthus* sect. *Ligulati* (DANSER) ENGL. & KRAUSE, *l.c.* : 147 (1935).
– *Ungula* BARLOW, Proc. Roy. Soc. Queensland **75** : 17 (1964).

Arbustes buissonnants, glabres, aériens, hémiparasites, avec ou sans axes rampants à la surface de l'hôte. *Feuilles* opposées, verticillées ou rarement échelonnées, penninerves (ou curvinerves), pétiolées ou sessiles.

Inflorescences axillaires, sur les entre-nœuds ou naissant sur les axes rampants ; primitivement ombelles de dichasia (triades) donc pédonculées et à rayons nombreux, mais généralement réduction à des degrés et suivant des modes variés ; une bractée sous chaque fleur ou parfois plusieurs dans les inflorescences réduites. *Fleurs* ⚥, 4-6-mères, actinomorphes ; corolle dialypétale (ou rarement gamopétale), à préfloraison valvaire ; anthères linéaires, basifixes ; style articulé à la base.

Fruit largement ellipsoïde à globuleux, souvent coiffé par le calice persistant.

TYPE : *Amyema congener* (Siebold ex Schult. & Schult.f.) Tiegh.

Ce genre comprend 92 espèces répandues de la Malaisie au Pacifique sud ; 2 espèces sont représentées en Nouvelle-Calédonie.

CLÉ DES ESPÈCES

1. Rayons de l'ombelle 2 (rarement -5) ; triades à fleurs latérales pédicellées (parfois très brièvement). Feuilles généralement décussées (rarement par 3 ou par 4), à face supérieure différente de la face inférieure. .... 1. *A. artensis*

1'. Rayons de l'ombelle 5-8 ; triades à fleurs toutes sessiles. Feuilles en verticilles de 3-8, à faces supérieure et inférieure non ou peu différentes. .... 2. *A. scandens*

1. **Amyema artensis** (Montrouzier) Danser

Bull. Jard. Bot. Buitenzorg, ser.3, **10** : 293 (1929) ; **14** : 89 (1936) ; BARLOW, Austral. J. Bot. **22** : 566 (1974) ; Blumea **36** : 309 (1992).
– *Loranthus artensis* MONTROUZ., Mém. Acad. Imp. Sci. Lyon, Sect. Sci., **10** : 213 (1860).
– *Neophylum artense* (MONTROUZ.) TIEGH., Bull. Soc. Bot. France **43** : 242 (1896).
– *N. tenuiflorum* TIEGH., Bull. Soc. Bot. France **41** : 510 (1894). – Lectotype : *Vieillard 642*, Balade (P! ; iso-, K!).
– *Loranthus tieghemii* ENGL., Nat. Pflanzenfam. Nachtr. : 126 (1897).
– *Neophylum bicolor* TIEGH., *l.c.* (1894). – Type : *Pancher 625*, Ile des Pins (holo-, P!).
– *Loranthus bicolor* (TIEGH.) ENGL., l.c (1897).
– *Amyema bicolor* (TIEGH.) DANSER, Bull. Jard. Bot. Buitenzorg, ser. 3, **10** : 294 (1929).
– *Neophylum balansea* TIEGH., *l.c.* (1894). – Type : *Balansa 3170* (holo-, P!).
– *Loranthus balanseanus* (TIEGH.) ENGL., *l.c.* (1897).
– *L. samoensis* REINECKE, Bot. Jahrb. Syst. **25** : 628 (1898). – Type : *Reinecke 536*, Samoa, Upolu, Laulie Ridge, 700 m (holo-, G!).
– *Amylotheca samoensis* (REINECKE) DANSER, Bull. Jard. Bot. Buitenzorg, ser. 3, **10** : 302 (1929).
– *Amyema samoensis* (REINECKE) DANSER, Verh. Kon. Ned. Akad. Wetensch., Afd. Natuurk. **29** : 33 (1933).
– *Loranthus bamleri* K. SCHUM., *in* K. SCHUM. & LAUTER., Fl. Deutsch. Schutzgeb. : 298 (1901). – Type : *Bamler 16*, Nouvelle-Guinée, Sattelberg (holo-, B ; iso-, WRSL!).
– *Amyema bamleri* (K. SCHUM.) DANSER, Bull. Jard. Bot. Buitenzorg, ser. 3, **10** : 293 (1929).
– *Loranthus lepidotus* GUILLAUMIN, Ann. Mus. Colon. Marseille **9** : 218 (1911), *nom. illeg. non* BLUME (1823).
– *L. iboensis* KRAUSE, Bot. Jahrb. Syst. **47** : 465 (1922). – Type : *Schlechter 17096*, Nouvelle-Guinée, Mts Ibo, 1900 m, 30.12.1907 (holo-, B ; iso-, UC).
– *Amyema iboensis* (KRAUSE) DANSER, *l.c.*, **10** : 296 (1929).
– *A. gracilis* DANSER, *l.c*, **11** : 344 (1931). – Type : *Docters van Leeuwen 10989*, Nouvelle-Guinée, Mts Nassau, 1500 m, oct. 1926 (holo-, L!).
– *Loranthus aneityensis* GUILLAUMIN, J. Arnold Arbor. **13** : 88 (1932). – Type *: Kajewski 753*, Anatom, Analgauhat, 50 m, 12.2.1929 (holo-, NY ; iso-, BRI! K!).
– *Amyema aneityensis* (GUILLAUMIN) DANSER, Recueil Trav. Bot. Néerl. **31** : 223 (1934).
– *Loranthus ficivorus* GUILLAUMIN, *l.c.* : 89 (1932). – Type : *Kajewski 94*, Tanna, Lenakel 5.3.1928 (holo-, NY ; iso-, BRI! K!).

– *Amyema ficivora* (GUILLAUMIN) DANSER, *l.c.* **31** : 224 (1934).
– *Loranthus caudatifolius* KANEHIRA, Bot. Mag. Tokyo **46** : 450 (1932). – Type : *Kanehira 1665*, Iles Caroline, Ponape, Mt Naanarat, 700 m, juill. 1931 (lecto-, NY!).
– *L. ponapensis* KANEHIRA, *l.c.* (1932). – Type : *Kanehira 1637*, Iles Caroline, Ponape, Mt Naanarat, 550 m, juill. 1931 (holo-, NY! ; iso-, K!).
– *Amyema papuana* DANSER, Blumea **3** : 46 (1938). – Type : *Brass 4095*, Papouasie, Mt Tafa, 2300 m, 27.5.1933 (holo-, L!).
– *A. artensis* var. *papuana* (DANSER) BARLOW, Austral. J. Bot. **22** : 568 (1974).
– *A. wichmannii* subsp. *aggregata* BARLOW, *l.c.* : 598 (1974). – Type : *Galore & Wood NGF41009*, Papouasie, Milne Bay, Idup track to Mt Simpson, 1250 m, 16.7.1968 (holo-, LAE!).

Arbuste buissonnant atteignant 1,5 mm de diamètre, glabre sauf sur les inflorescences et les réceptacles ovariens généralement à dense tomentum brun. Axes très ramifiés, grêles, dilatés au niveau des nœuds. *Feuilles* décussées ou en verticilles de 3 ou 4 ; pétiole court de (3-)5-8 mm, légèrement ailé vers le haut ; limbe généralement oblong à ové ou obové, rarement lancéolé, de 4-9(-14) × 1,5-4(-7) cm, brièvement cunéé à presque tronqué à la base, obtus ou arrondi au sommet (rarement aigu ou acuminé), à marges souvent récurvées, généralement brillant et souvent rouge au-dessus, mate en dessous ; nervures latérales peu visibles.

Inflorescences 1 ou peu nombreuses à l'aisselle d'une même feuille ; pédoncules de (5-)8-20 mm ; rayons généralement 2 (rarement 3-5, surtout sur les plantes à feuilles verticillées), longs de 3-6 mm, généralement libres, rarement cohérents ; triades à fleur centrale sessile et fleurs latérales à pédicelles de (0-)1-3 mm ; bractées aiguës à arrondies, de 1 mm env. *Fleurs* 5-mères ; réceptacle urcéolé à infundibuliforme, long de 2-2,5 mm ; calice tronqué ou faiblement denté, long de 0,3-1 mm, parfois replié vers l'intérieur ; corolle longue de 20-30 mm sur le bouton mûr, mince, légèrement claviforme, pétales aigus au sommet, se séparant à la base à l'anthèse ; anthères de 1,5 mm env. ; partie libre des filets de 7-8 mm.

Fruit ellipsoïde à presque globuleux, de 6-8 mm, surmonté par le calice de 1 mm env. – Pl. **14.**

TYPE : *Montrouzier 199*, Ile Art (holo-, P!).

Amyema artensis est répandu de la Nouvelle-Guinée à plusieurs groupes d'îles du sud-ouest du Pacifique, Salomon, Louisiade, Nouvelle-Calédonie et dépendances, Vanuatu, Caroline et Samoa. En Nouvelle-Calédonie, il est commun sur la Grande-Terre, du niveau de la mer à 1000 m d'altitude ; il est aussi signalé sur les îles Pott et Art, sur l'Ile des Pins et à Lifou. On le trouve en forêt-galerie, forêt dense humide, parasitant différents hôtes (*Acronychia laevis*, *Antocarpa balanseana*, *Casua-*

PL. 14. – **Amyema scandens** (Tiegh.) Danser : **1**, rameau × 1/2 ; **2**, inflorescence en place × 1/2 ; **3**, triade × 2 ; **4**, feuille × 1/2 ; **5**, fruit immature × 2,5 (1, 2 *MacKee 43505 ;* 3, 4, *MacKee 22521* ; 5, *MacKee 29103*). – **A. artensis** (Montrouz.) Danser : **6**, rameau florifère × 1/2 ; **7**, triade × 2 ; **8, 9**, feuilles × 1/2 ; **10**, fruit immature × 5 (6, 7, *Veillon 2724* ; 8, *MacKee 39276* ; 9, *MacKee 26159* ; 10, *MacKee 17759*).

rina collina, *Cryptocarya sp.*, *Delarbrea harmsii*, *Macaranga sp.*, *Rapanea sp.*, *Xylosma sp.*).

Pour plus de détails taxonomiques voir BARLOW, *l.c.*: 309 (1992). La distinction de deux sous-espèces, subsp. *artensis* et subsp. *papuana*, n'est pas maintenue. *A. aneityensis* du Vanuatu et Samoa, *A. wichmanii* subsp. *aggregata* de l'est de la Nouvelle-Guinée sont considérés comme conspécifiques.

MATÉRIEL ÉTUDIÉ :

Balansa 3170, Ile Art, 27.6.1871 (fl.).
Baumann 14981, Forêt Mois de Mai, 4.8.1951 (fl.) L, NY.
Bernardi 9623, Col d'Amieu, 500-600 m, 13.7.1965, (fl.).
Däniker 1726, Ouégoua, 28.5.1925.
Deplanche 310, s. loc., 1861-67 ; *380*, Balade, 1861-67.
Franc 2077, Yaté, 5.7.1916.
Germain s.n., Ile des Pins, 1890 ; *6*, ibid., (fl.).
Jaffré 1602, Ile Pott, 10.12.1975 (fr.).
Lécard s.n., Canala, 1000 m.
MacKee 4753, Balade, 300 m, 11.6.1956, (fl.) ; *6568*, Plateau de Dogny, 900-1000 m, 10.9.1958 (fr.) ; *12661*, Farino, Forêt Mépéou, 500 m, 25.5.1965 (fl.) ; *12792*, Katrikoin, 400-500 m, 17.6.1965 (fl.) ; *12856*, Mé Ouié, 700 m, 30.6.1965 (fl.) ; *17759*, haute Tiwaka, Bopopé, 200 m, 17.10.1967 (fr.) ; *19222*, haute Amoa, 30 m, 15.7.1968 (fl.) ; *19409*, Ile Art, 220 m, 30.8.1968 (j.fr.) ; *22327*, Ile des Pins, 100 m, 23.7.1970

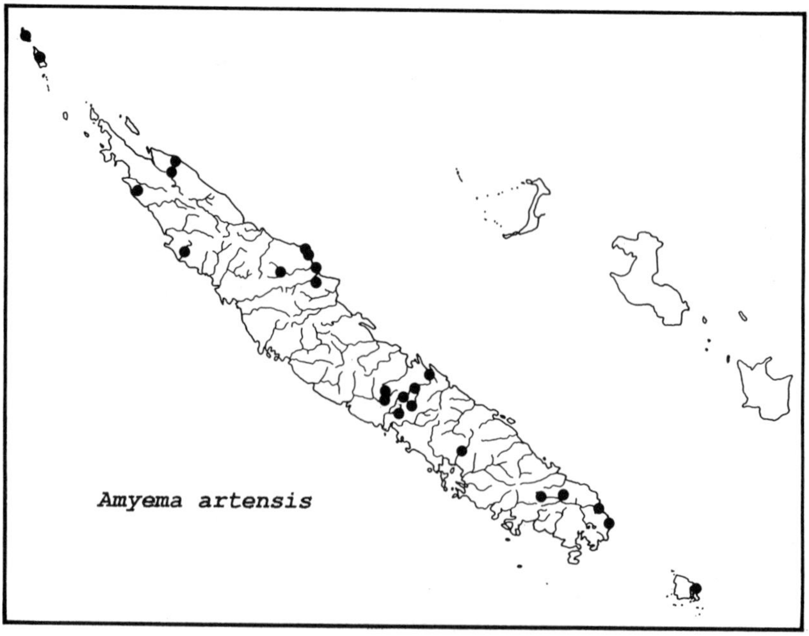

(fl.) ; *26159*, Touho, Ponandou, 10-100 m, 2.1.1973 (fr.) ; *26859*, ibid., 22.6.1973 (fl.) ; *28931*, Balade, S Col de Parari, 400 m, 23.7.1974 (fl.) ; *30430*, Ile Art, Plateau N, 220 m, 9.12.1975 (fl.) ; *33520,* Dôme de Tiébaghi, 550 m, 17.7.1977 (fl.) ; *35377*, Taom, Koumendi, 20 m, 4.7.1978 (fl.) ; *39276*, Kuébini, 5 m, 5.7.1981 (fl.) ; *42285,* leg. *Cherrier*, Lifou, Wé, 1.10.1984 (fl.).

McPherson 2898, Riv. Bleue, 350 m, 30.7.1980 (fl.) ; *5739*, Mt Rembai, Col d'Amieu, 550 m, 7.6.1983 (fl.).

Montrouzier 199, Ile Art.

Pancher 622, s. loc. ; *625*, Ile des Pins.

Sarasin 79, Tiwaka, 1911-12.

Schmid 1037, Lifou, Kedeigne, 14.2.1966 ; *1827*, Lifou, 23.11.1966 (fr.) ; *4183*, haute Mayavetch, 4.10.1972 (fl.).

Suprin 835, Col d'Amieu, 5.11.1980 (fr.).

Tirel 1341, Ile Pott, 27.8.1978 (j.fr.).

Veillon 2724, Ile Art, 30.8.1972 (fl.) ; *3746*, Ile Pott, 27.8.1978 (j.fr.), P ; *5635*, Ouenghi, oct. 1983 (fl.).

Vieillard 622, s. loc., 1860 (fl.) ; *642*, Balade, 1855-60 (fl.) ; *642*, Wagap, 1861-67 (fl.) ; *643*, Balade, 1855-60 (fl.) ; *643*, Wagap, 1861-67 ; *2700*, idem. (fr.).

2. **Amyema scandens** (van Tieghem) Danser

Bull. Jard. Bot. Buitenzorg, ser. 3, **10** : 298 (1929) ; **14** : 92 (1936) ; Barlow, Austral. J. Bot. **22** : 583 (1974) ; Blumea **36** : 362 (1992).

– *Neophylum scandens* Tiegh., Bull. Soc. Bot. France **41** : 509 (1894).

– *Loranthus scandens* (Tiegh.) Engl., Nat. Pflanzenfam. Nachtr. : 127 (1897).

– *Neophylum rotundifolium* Tiegh., *l.c.* (1894). – Type : *Deplanche 60* (holo-, P!).

– *Loranthus rotundifolius* (Tiegh.) Engl., *l.c.* (1897).

– *Amyema rotundifolia* (Tiegh.) Danser, Bull. Jard. Bot. Buitenzorg, ser. 3, **10** : 298 (1929).

– *Neophylum vieillardii* Tiegh., *l.c.* (1894). – Type : *Vieillard 639*, Canala (holo-, P!).

– *Loranthus vieillardii* (Tiegh.) Engl., *l.c.* (1897).

– *Amyema vieillardii* (Tiegh.) Danser, *l.c.* : 299 (1929).

– *Neophylum grandifolium* Tiegh., *l.c.* (1894). – Type : *Vieillard 640*, Balade (holo-, P!).

– *Loranthus grandifolius* (Tiegh.) Engl., *l.c.* (1897).

– *Amyema grandifolia* (Tiegh.) Danser, *l.c.* : 295 (1929).

– *Neophylum pancheri* Tiegh., *l.c.* (1894). – Type : *Pancher 624* (holo-, P!).

– *Loranthus pancheri* (Tiegh.) Engl., *l.c.* (1897).

– *Amyema pancheri* (Tiegh.) Danser, *l.c.* : 298 (1929).

– *Neophylum lanceolatum* Tiegh., *l.c.* (1894). – Type : *Pancher 639* (holo-, P!).

– *Amyema lanceolata* (Tiegh.) Danser, *l.c.* : 296 (1929).

– *Neophylum luteum* Tiegh., *l.c.* (1894). – Type : *Pancher s.n.*, Ile des Pins (holo-, P!).

– *Loranthus luteus* (Tiegh.) Engl., *l.c.* (1897).

– *Amyema lutea* (Tiegh.) Danser, *l.c.* : 296 (1929).

– *Neophylum acutifolium* Tiegh., *l.c.* (1894). – Type : *Balansa 1317* (holo-, P!).

– *Loranthus acutifolius* (Tiegh.) Engl., *l.c.* (1897).

– *Amyema acutifolia* (Tiegh.) Danser, *l.c.* : 293 (1929).

– *Neophylum rubrum* Tiegh., *l.c.* (1894). – Type : *Balansa 1317a* (holo-, P!).

– *Loranthus ruber* (Tiegh.) Engl., *l.c.* (1897).

– *Amyema rubra* (TIEGH.) DANSER, *l.c.* : 298 (1929).
– *Neophylum latifolium* TIEGH., *l.c.* : 510 (1894). – Type : *Balansa 1318* (holo-, P!).
– *Loranthus latifolius* (TIEGH.) ENGL., *l.c.* (1897).
– *Amyema latifolia* (TIEGH.) DANSER, *l.c.* : 293 (1929).
– *Neophylum baudouinii* TIEGH., *l.c.* : 548 (1894), *nom. nud.* – Type : *Baudouin 644* (holo-, iso-, P!).
– *Loranthus lanceolatifolius* ENGL., *l.c.* (1897) ;
– *Loranthus neocaledonicus* SCHLTR., Bot. Jahrb. Syst. **39** : 104 (1906) – Type : *Schlechter 15247* (holo-, B ; iso-, K! P! WRSL!).
– *Amyema neocaledonica* (SCHLTR.) DANSER, *l.c.* : 297 (1929).
– *Loranthus verticillifolius* KRAUSE, Bot. Jahrb. Syst. **57** : 465 (1922). – Type : *Schlechter 17092*, Nouvelle-Guinée, Mts Ibo, 100 m, 30.12.1907 (holo-, B ; iso-, UC!).
– *Amyema verticillifolia* (KRAUSE) DANSER, *l.c.* : 299 (1929).
– *Loranthus schultzei* KRAUSE, *l.c.* : 478 (1922). – Type : *Schultze 305*, Nouvelle-Guinée, Riv. Sepik, Bivouac 48 (holo-, B).
– *Amyema schultzei* (KRAUSE) DANSER, *l.c.* : 299 (1929).
– *Loranthus pustulatus* S. MOORE, J. Linn. Soc., Bot. **45** : 391 (1922). – Type : *Compton 1577*, Nouvelle-Calédonie, Ignambi, (holo-, BM).
– *Amyema pustulata* (S. MOORE) DANSER, Verh. Kon. Ned. Akad. Wetensch., Afd. Natuurk. **29** : 32 (1933).
– *Loranthus glaucescens* S. MOORE, *l.c.* (1922). – Type : *Compton 969*, Nouvelle-Calédonie, Ngoye Riv., 300 m (holo-, BM).
– *Amyema glaucescens* (S. MOORE) DANSER, *l.c.* : 28 (1933).
– *Loranthus angustiflorus* S. MOORE, *l.c.* (1922). – Type : *Compton 1082*, Nouvelle-Calédonie, Mt Nékando, 1100 m (holo-, BM).
– *Amyema angustiflora* (S. MOORE) DANSER, *l.c.* : 25 (1933).
– *Amyema scandens* f. *longipes* HÜRL., Mém. Mus. Hist. Nat. **15** : 17 (1964). – Type : *Baumann 5429* (holo-, P!).

Arbuste buissonnant atteignant 3 m de diamètre, grimpant, glabre à l'exception du réceptacle de l'ovaire parfois garni d'un indument très court, épars, brun ou blanc. Rameaux cylindriques, robustes, dilatés aux nœuds, souvent finement lenticellés. *Feuilles* en verticilles de (4-)5-8, très rarement sessiles, généralement à pédicelle de 3-10(-15) mm, légèrement ailé vers le haut ; limbe très variable, étroitement lancéolé à largement ové, de 5-20 × 2,5-7 cm, atténué à cunéé ou rarement tronqué à la base, généralement aigu ou obtus, moins souvent arrondi au sommet, parfois un peu ondulé sur les marges, épais et coriace à relativement mince, mate des deux côtés ou un peu brillant au-dessus ; nervures pennées généralement indistinctes sauf la nervure médiane saillante en dessous.

Inflorescences nombreuses aux nœuds, souvent aussi sur les entrenœuds et les axes rampants ; pédoncule long de 6-12 (-30)mm, épais de 0,8-1,5 mm ; 4-8 rayons longs de (3-)4-10 mm ; triades de fleurs toutes sessiles ; bractées triangulaires, de 1 mm env., arrondies au sommet, formant un petit involucre étalé sous la triade. *Fleurs* 5- ou 6-mères ; réceptacle infundibuliforme à cylindrique, long de 2-3 mm ; calice tronqué, de 0,5-1 mm, dressé ou légèrement infundibuliforme ; corolle, sur le bouton mûr, de (20-)25-40 mm, mince, légèrement claviforme, pétales aigus ou un peu arrondis, se séparant à la base à l'anthèse ; anthères de (2,5-)3-4 mm ; partie libre des filets env. 3 fois plus longue.

Fruit ellipsoïde à obovoïde, de 7-10 mm, surmonté par le calice et souvent par le style persistant longtemps. – Pl. **14** p. 85.

TYPE : *Balansa 498*, Prony (holo-, P!).

Amyema scandens est répandu en Nouvelle-Guinée, en Nouvelle-Calédonie et au Vanuatu, du niveau de la mer à 1600 m d'altitude. En Nouvelle-Calédonie, il est commun sur la Grande-Terre, de 80 à 1600 m d'altitude, plus fréquemment au-dessus de 500 m ; il est aussi relevé sur l'Ile des Pins et à Lifou. On le trouve surtout dans les forêts denses humides, primaires ou secondaires, parasitant des hôtes variés (*Araucaria montana, Cocconerion balansae, Eugenia stricta, Nothofagus sp., Polyosma sp.*).

Cette espèce est polymorphe ; elle fait partie du complexe d'espèces centré sur la Nouvelle-Guinée, s'étendant à l'ouest jusqu'à Bornéo et vers le sud-est en Australie et en Nouvelle-Calédonie. BARLOW, *l.c.* (1992) a fait l'étude taxonomique détaillée du complexe ; 3 sous-espèces de *A. scandens* ont été élevées au rang d'espèces, conduisant à une conception plus limitée de *A. scandens* proprement dit.

MATÉRIEL ÉTUDIÉ :

Aubréville & Heine 168, Plaine des Lacs, 3.7.1965 (fl.).
Balansa 498, Prony, sept. 1868 (fl., fr.) ; *1317*, Mt Mi, 25.3.1869 (fl.) ; *1317a*, ibid, (fl.) ; *1318*, Bourail, Téné, 26.3.1869 (fl.) ; *1763*, Lifou, sept. 1869 (fl.).
Bamps 5769, Mtagne des Sources, 680 m, 17.11.1967 (fr.).
Baudouin 644, s. loc.
Baumann 5429, Mé Amméri, 700 m, 13.8.1950 (fl.) ; *15101*, Forêt Mois de Mai 13.8.1951, NY ; *15533*, Mt Humboldt, 1600 m, 3.9.1951 ; *15639*, Mt Mou, 150 m, 18.10.1951, NY.
Bernardi 9398, entre Nouméa et Yaté, 150 m, 3.7.1965 (fl.) ; *9832*, Mamié, 80 m, 27.8.1965 (fl.) ; *10127*, Mt Paéoua, 850 m, 13.8.1965 (j. fr.) ; *10371*, Mt Ignambi, 1290 m, 19.8.1965 (fl.).
Blanchon 120, Lac de Yaté, 20.5.1963 (fl.) ; *215*, Plaine des Lacs, Petit Lac ; *1037*, Col des Roussettes, 1.9.1965 ; *1094*, Col de Ouénarou (fl.).
Brousmiche s.n., Thio, 11.8.1881 (fl.).
Cribs 1740, Prony, nov. 1903 (fl.).
Croockewit s.n., Plaine des Lacs, 28.9.1960, L.
Däniker 2253, Lifou, Chépénéhé, 18.10.1925 (fr.).
Delacour s.n., Baie d'Urville, mai 1869 (fl.).
Deplanche 43, s. loc., 1867 (fl., fr.) ; *60*, Lifou, 1868-70, (fl.).
Foster 11, Plaine des Lacs, 6.5.1956 (fl.) ; *74a*, entre Nouméa et Yaté, 14.5.1956 (fl.).

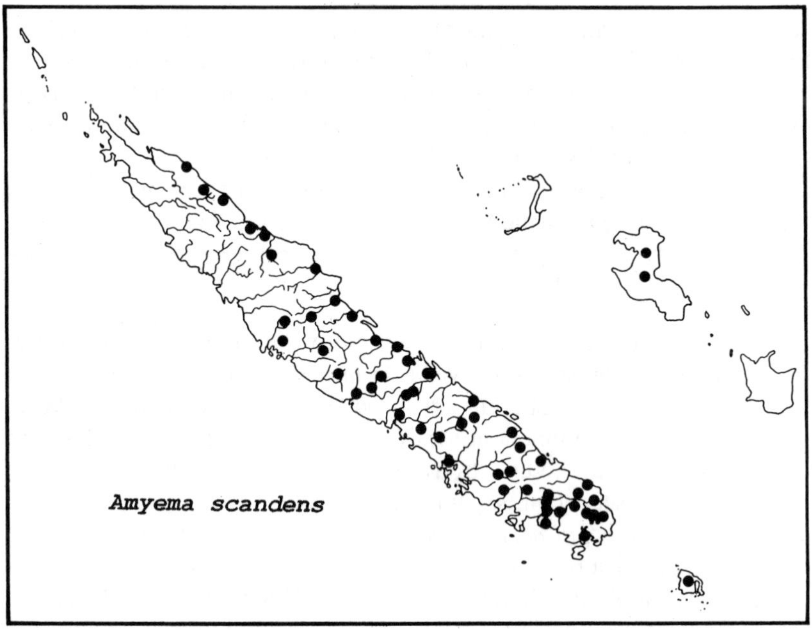

Franc 752A, Prony, févr. 1907 ; *752*, ibid., mars 1907, (fl.) ; *752bis*, Dzumac, mars 1907 ; *1494A*, Mt Dzumac, févr. 1907.

Godefroy (*herb. d'Alleizette 131NC*), Prony, 1910-11 (fl.).

Hartley 14867, Mts Koghis, 800 m, 10.11.1979, CANB.

Le Rat 7, Dent de St Vincent, 1445 m, juill. 1909 ; *1118*, s. loc. (fl.) ; *1717A*, Prony, mars 1914 (fl.) ; *2658*, Mt Dzumac, 800-1000 m, avr. 1908 (j.fr.).

Leenhardt 266, Houaïlou, 1924-25.

MacDaniels 2127, La Foa, Australian Camp, 11.3.1949 (fl.) ; *2365*, ibid., 650 m, 27.11.1949 (fl.).

MacKee 2375, Plaine des Lacs, 9.4.1955 (fl.) ; *4908*, Tontouta, 50-300 m, 15.3.1956 (fr.) ; *12979*, Mé Maoya, Mine Emma, 1350 m, 11.7.1965 (fl.) ; *16288*, Col Toma, 450 m, 18.1.1967 (fl.) ; *17016*, *17017*, Mt Paéoua, 600-900 m, 4.7.1967 (fl.) ; *17154*, Mt Boulinda, 950 m, 25.7.1967 (fl.) ; *19179*, Roche Ouaième, 900-980 m, 13.8.1968 (fl.) ; *22262*, Mt Paéoua, 1000-1140 m, 9.7.1970 (fl.) ; *22521*, Farino, Pic Vincent, 700 m, 22.9.1970 (fl.) ; *25739*, Mt Aoupinié, 900 m, 6.11.1972 (fl.) ; *26928*, Ouénarou, 200 m, 13.7.1973 (fl.) ; *27032*, Mt Boulinda, 1100 m, 31.7.1973 (fl.) ; *29044*, haute Koéalagoguamba, 800 m, 11.8.1974 (fl.) ; *29103*, Mt Do, 1000 m, 13.8.1974 (fr.) ; *31371*, haute Koua, 500 m, 4.6.1976 (fl.) ; *31493*, Mt Ninga, 1300 m, 6.7.1976 (fl.) ; *33375*, Négropo, 600 m, 25.6.1977 (fr.) ; *33392*, Kouaoua, Dahi, 500 m, 25.6.1977 (fl.) ; *34299*, Monéo, 250 m, 23.11.1977 (fr.) ; *35618*, Riv. des Lacs, 200 m, 13.8.1978 (fl.) ; *35994*, leg. *Cherrier*, Roche Ouaième, 850 m, 25.10.1978 (fr.) ; *38234*, Thio, Mt Sindoa, 1300 m, 7.11.1980 (fr.) ; *39677*, leg. *Cherrier*, Mt Kouakoué, 1400 m, 30.9.1981 (fr.) ; *39806*, Mé Ori, 800 m, 21.10.1981 (fl.) ; *39965*, Mt Kouakoué, 1300 m, 20.11.1981 (fr.) ; *40007*, leg. *Nasi*, Mt Colnett, 1100 m, nov. 1981 (fr.) ; *41603*, Yaté, Mt Naoué, 650 m, 22.6.1983 (fl.) ; *43505*, Riv. des Lacs, 200 m, 19.4.1987 (fl.) ; *43592*, ibid., 21.6.1987 (fr.) ; *43669*, Ouénarou, 150 m, 29.8.1987 (plantule) ; *44485*, Kouaoua, Ménazi, 1000 m, 6.7.1989 (fl.) ; *46096, 46097, 46098, 46099, 46100,* haute Riv. des Pirogues, 150 m, 17.1.1993.

McMillan 5010, Mt Mou, 1100 m, 26.6.1952 (fl.) L. P ; *5126*, Riv. Blanche, 180 m, 21.7.1952 (fl.) L, P.
McPherson 1638, Mtagne des Sources, 16.5.1979 (fl.) ; *2990*, La Madeleine, 250 m, 30.8.1980 (fl.) ; *3037*, Mé Ori, 900 m, 6.9.1980 (fr.) ; *6450*, s. loc.
Pancher s.n., Ile des Pins (fl.) ; *s.n.* (*Vieillard 639*), 1.loc. (fl.) ; *375*, *624*, s. loc. (fl.).
Phillips & R. Schmid 3057, Col de Mouirange, 20.7.1978 (fl.).
Sarlin 186, Yaté, août 1949 (fl.).
Schlechter 15247, Ngoye, 200 m, 7.11.1902 (fl.).
Schmid R. & Phillips 1978-101, Mt Dzumac, 810 m, 19.8.1978 (fl.).
Schodde 5235, Col d'Amieu, 400 m, 16.1.1968 (fr.).
Stauffer & Blanchon 5810, Plaine des Lacs, Déversoir, 250 m, 13.3.1964.
Suprin 755, Napouéredjeine, 13.10.1980 (j.fr.) ; *2282*, Tipindjé, Mt Cantaloupai, 1050 m, 16.9.1983.
Veillon 2632, Mt Ninga, 1200 m, 8.6.1972 (fl.).
Vieillard 639, Canala (fl.) ; *640*, Balade ; *2698*, Bois de Touho, Wagap, 1861-67 (fr.).
Virot 225, Col de Plum, 100 m, 2.7.1939 ; *281*, Mt Mou, 1150 m, 21.4.1940 ; *601*, entre Lac en Huit et Mine Anna-Madeleine, 230 m, 31.3.1942 (fl.).
Webster & Hildreth 14598, Païta, Mt Ouin, 1000 m, 7.8.1968 (fl.) ; *14909*, Canala, Mt Péréaeu, 10-200 m, 20.8.1968 (fr.).

VISCACEAE

par

Bryan A. BARLOW *

1 genre, 2 espèces

BATSCH, Tab. Affin. Regni Veg. : 240 (1802), « *Viscanae* » ; MIERS, Contrib. Bot. **39** (1851), *nom. provis.* ; MIQUEL, Fl. Ind. Bat. **1**, 1 : 803 (1856) ; TIEGH., Bull. Soc. Bot. France **43** : 247 (1896) ; BARLOW, Proc. Linn. Soc. New South Wales **89** : 269 (1964).
– *Loranthaceae* subfam. *Viscoideae* ENGL., Nat. Pflanzenfam. **3**,1 : 177 (1889) ; DANSER, Bull. Jard. Buitenzorg, ser. 3, **11** : 236 (1931).
– *Viscales* TIEGH., Bull. Soc. Bot. France **43** : 247 (1896).

Arbrisseaux ou herbes vivaces, parasites de tiges aériennes, à suçoir unique, primaire, dépourvus d'axes rampants à la surface des branches-hôtes. Tige à entre-nœuds cylindriques ou plus souvent anguleux ou aplatis surtout dans les espèces à feuilles réduites. *Feuilles* décussées (ou rarement alternes) **, souvent rudimentaires, à marge entière, généralement curvinerves, sans stipules.

Inflorescences axillaires (ou terminales ou caulinaires) ; inflorescences élémentaires en dichasium simple, souvent groupées en grandes inflorescences composées. *Fleurs* unisexuées, généralement de moins de 2 mm de longueur, monochlamydées. Périanthe de 2-4 pièces valvaires. Étamines opposées aux tépales, soudées à eux ou libres ; anthères à 1 ou plusieurs loges, s'ouvrant par des pores ; pollen sphérique. Ovaire infère, uniloculaire, sans ovule différencié, surmonté d'un stigmate en mamelon.

Fruit : drupe ellipsoïde ou ovoïde avec une couche visqueuse entre les faisceaux vasculaires ; une seule graine.

TYPE : *Viscum* L.

---

* Division of Plant Industry, CSIRO, PO Box 1600, Canberra, ACT 2601, Australie.
** Caractères entre parenthèses, non observés en Nouvelle-Calédonie.

La famille des Viscacées comprend 7 genres et environ 400 espèces surtout pantropicales, un petit nombre seulement de régions tempérées. Elle appartient à l'ordre des Santalales et présente de fortes affinités avec les Santalacées, famille qui comporte une majorité de parasites de racines et quelques espèces dérivées, parasites de tiges aériennes. De ce fait, le parasitisme aérien des Viscacées peut être considéré comme le stade ultime d'un parasitisme primitivement sur racines. Ce dernier n'ayant laissé aucun vestige dans la famille, on peut penser que les Viscacées sont issues d'une branche des Santalacées dans laquelle existait déjà le parasitisme sur tiges aériennes.

La famille n'est représentée en Nouvelle-Calédonie que par le genre *Korthalsella*. Les deux espèces néocalédoniennes sont indigènes mais aucune n'est endémique ; elles existent dans d'autres îles du sud-ouest Pacifique.

KORTHALSELLA van Tieghem

Bull. Soc. Bot. France **43** : 83, 163 (1896) ; ENGL. Nat. Pflanzenfam. Nachtr. : 138 (1897) ; DANSER, Bull. Jard. Bot. Buitenzorg., ser. 3, **14** : 119 (1937) ; **16** : 329 (1940).
– *Bifaria* TIEGH., Bull. Soc. Bot. France **43** : 163, 164 (1896).
– *Heterixia* TIEGH. *l.c.* : 163, 177 (1896).
– *Pseudixis* HAYATA, Bot. Mag. (Tokyo) **29** : 31 (1915).

Plantes vivaces aériennes, hémiparasites, petites (généralement de moins de 15 cm de hauteur, atteignant rarement 60 cm), généralement dressées, glabres, le plus souvent parasites de dicotylédones, rarement de conifères. Tiges vertes ou jaunâtres, articulées aux nœuds ; entre-nœuds cylindriques ou comprimés ou plus fréquemment fortement aplatis en cladodes. *Feuilles* opposées, rudimentaires, formant en général un bourrelet de moins de 1 mm à chaque nœud.

Inflorescences axillaires, à la base des entre-nœuds et à l'aisselle de feuilles rudimentaires ; glomérules floraux se développant successivement, formant souvent un bourrelet encerclant parfois le nœud ; fleurs entourées et séparées par des poils à parois épaisses, multicellulaires et lâchement ramifiés ; première fleur vraiment axillaire et ♂ ; fleurs suivantes en position latérale et en rangées transversales sous la première, généralement ♀. *Fleurs* ♂ globuleuses à obconiques dans le bouton, de 0,5 mm env. de diamètre, atténuées à la base en un stipe court atteignant 0,5 mm de longueur ; tépales 3, persistants ; anthères 3, biloculaires, introrses, unies en un synandrium à pore apical commun. *Fleurs* ♀ globuleuses ou piriformes, généralement de moins de 0,5 mm de diamètre ; tépales 3, persistant au sommet de l'ovaire.

Fruit piriforme ou ellipsoïde, atteignant rarement 2 mm de longueur ; graines discoïdes, de 1 mm de diamètre env.

TYPE : *Korthalsella remyana* Tiegh.

Ce genre comprend 30 espèces environ distribuées au Japon, du sud de l'Asie à l'Australie et à la Nouvelle-Zélande, s'étendant vers l'est sur plusieurs archipels du Pacifique et vers l'ouest aux îles de l'Océan Indien et à l'Ethiopie ; en Nouvelle-Calédonie, on trouve 2 espèces.

CLÉ DES ESPÈCES

1. Plante de plus de 12 cm en général ; entre-nœuds fortement aplatis en cladodes, à 1-5 nervures longitudinales proéminentes. Inflorescences très fleuries, en denses coussinets axillaires, présentes à tous les noeuds sauf tout à la base. . . . . 1. *K. disticha*

1'. Plantes ne dépassant que rarement 4 cm ; entre-nœuds cylindriques ou comprimés, arrondis sur les bords, sans nervures visibles. Inflorescences peu fleuries, ne formant pas de coussinets saillants, produites par des rameaux fertiles distincts, à entre-nœuds très courts. . . . . 2. *K. salicornioides*

1. **Korthalsella disticha** (Endlicher) Engler

Nat. Pflanzenfam. Nachtr. : 138 (1897) ; DANSER, Bull. Jard. Bot. Buitenzorg, ser. 3, **14** : 119 (1937) ; **16** : 329 (1940).
– *Viscum distichum* ENDL. Prod. Fl. Norfolk. : 61 (1833).
– *Bifaria disticha* (ENDL.) TIEGH., Bull. Soc. Bot. France **43** : 171 (1896).
– *Viscum opuntia* var. *distichum* (ENDL.) DOMIN, Bibl. Bot. **22** : 604 (1921).
– *V. taenioides* MONTROUZ., Mém. Acad. Imp. Sci. Lyon, Sect. Sci. **10** : 212 (1860) ; GUILLAUMIN, Ann. Mus. Colon. Marseille, ser. 2, **9** : 218 (1911), *non* COMMERSON (1811). – Lectotype (désigné ici) : *Montrouzier 320*, MPU.
– *Bifaria bigibba* TIEGH., Bull. Soc. Bot. France **43** : 171 (1896). – Type : *Caley s.n.*, Ile Norfolk (holo-, W).
– *Korthalsella bigibba* (TIEGH.) BLAKELEY, Prod. Linn. Soc. New South Wales **53** : 38 (1928).
– *Bifaria dichotoma* TIEGH., *l.c.* : 171 (1896). – Type : *Balansa 3169a* (lecto-, P!).
– *Korthalsella dichotoma* (TIEGH.) ENGL., Nat. Pflanzenfam. Nachtr. : 138 (1897) ; DANSER, Bull. Jard. Bot. Buitenzorg **14** : 142 (1937) ; **16** : 335 (1940).
– *Bifaria balansae* TIEGH., *l.c.* : 172 (1896). – Type : *Balansa 1320* (holo-, iso-, P!).
– *Korthalsella dichotoma* var. *balansae* (TIEGH.) DANSER, *l.c.* : 142 (1937).
– *Bifaria ovalis* TIEGH., *l.c.* : 172 (1986). – Type : *Balansa 3169* (holo-, iso-, P!).
– *B. rugosa* TIEGH., *l.c.* : 172 (1896). – Type : *Vieillard 638*, Poila, (holo-, iso-, P!).
– *B. mixta* TIEGH., *l.c.* : 172 (1896). – Type : *Germain s.n.* (holo-, P!).
– *B. pancheri* TIEGH., *l.c.* : 172 (1896). – Type : *Pancher 627* (holo-, P!).

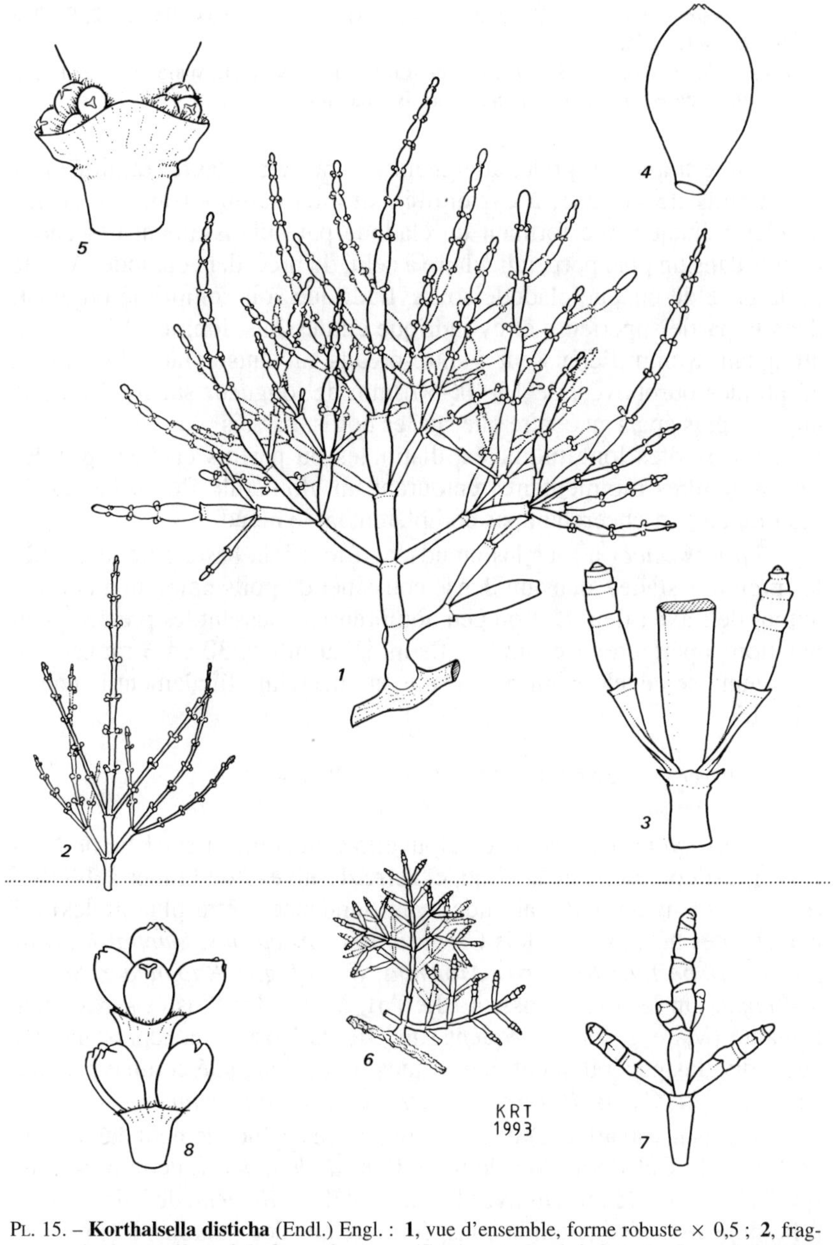

PL. 15. – **Korthalsella disticha** (Endl.) Engl. : **1**, vue d'ensemble, forme robuste × 0,5 ; **2**, fragment de plante grêle × 0,5 ; **3**, nœud avec ramifications × 2 ; **4**, fruit × 7 ; **5**, nœud fructifère × 6 (1, 3-5, *MacKee 25436* ; 2, *MacKee 19163*). – **K. salicornioides** (A. Cunn.) Tiegh. : **6**, vue d'ensemble × 0,5 ; **7**, fragment × 2,5 ; **8**, extrémité fructifère × 10 (Spécimens de Nouvelle-Zélande : 6, 7, *Esler 4046* ; 8, *Given 14160*).

– *Viscum opuntioides* auct. : GUILLAUMIN, Ann. Mus. Colon. Marseille, ser. 2, **9** : 218 (1911), *non* L. (1753).
– *Korthalsella opuntioides* BLAKELEY, Proc. Linn. Soc. New South Wales **53** : 37 (1928), *nom. illeg.*, basé sur *Viscum* ? *opuntioides* BAUER, *non* L.

Plante trapue ou grêle, atteignant 30(-60) cm, glabre, ramifiée aux 5-7 nœuds de la base, à extrémités simples, comportant 5-12(-15) articles ; chaque tige formant un cladode par aplatissement des entre-nœuds dans un plan perpendiculaire à celui du précédent cladode. Article de la base de chaque cladode soit cylindrique soit comprimé ou aplati dans la partie supérieure et cylindrique en dessous, long de 15-50 mm, atteignant 8 mm d'épaisseur ; entre-nœuds suivants aplatis, linéaires à elliptiques ou obovés, de 15-40(-60) mm de longueur sur 3-20 mm de largeur, plus épais au centre que sur les bords, parfois plus étroits vers le haut ; 1-5 côtes longitudinales, distinctes ou parfois cachées par des rides ; feuilles rudimentaires entourant un glomérule floral, hautes de 0,5 mm env., n'encerclant pas complètement le nœud.

Inflorescences à tous les nœuds sauf tout à la base, enfoncées, dès les premiers stades, dans un dense coussinet de poils noirs, non continu autour de l'axe ; fleur ♂ 1 ou peu nombreuses, naissant les premières en position supérieure et centrale ; fleurs ♀ au moins 30 en 3 rangées au minimum, se développant par la suite et encerclant finalement le nœud. – Pl. **15.**

TYPE : *Bauer s.n.*, Ile Norfolk, 1804-1805 (holo-, W ; iso-, P).

K. disticha est distribué en Nouvelle-Calédonie et sur l'Ile de Norfolk. Il est commun sur la Grande-Terre du niveau de la mer à 1400 m (les spécimens de haute altitude ayant tendance à être plus grêles) ; il parasite des hôtes variés, tels *Cerberiopsis*, *Exocarpus*, *Guettarda*, *Halfordia*, *Hibbertia*, *Diospyros*, *Morinda*, *Nothofagus*, *Rapanea* et *Sarcomelicope*. On le trouve aussi à l'Ile Art, à l'Ile des Pins et sur les Iles Loyauté (Maré, Lifou). Fréquent sur l'Ile de Norfolk et représenté par des individus généralement plus grands, il a été signalé comme parasite sur *Baloghia*, *Citrus*, *Pittosporum*, *Prunus* et *Zanthoxylum*.

Depuis le travail de DANSER, cette espèce a généralement été relevée en Nouvelle-Calédonie sous le nom de *K. dichotoma*. En comparant les spécimens néocalédoniens avec le matériel de *K. disticha* de l'Ile de Norfolk, nous avons conclu à la conspécificité des deux taxons. Les plantes de Nouvelle-Calédonie sont plus poymorphes, souvent plus petites ; elles présentent des cladodes plus étroits dans la partie distale ou sur l'individu entier, en particulier à haute altitude. Ce polymorphisme peut correspondre à la transition entre stade juvénile et stade adulte. De toute façon, il n'y a pas de différences suffisantes pour justifier une distinction d'ordre spécifique.

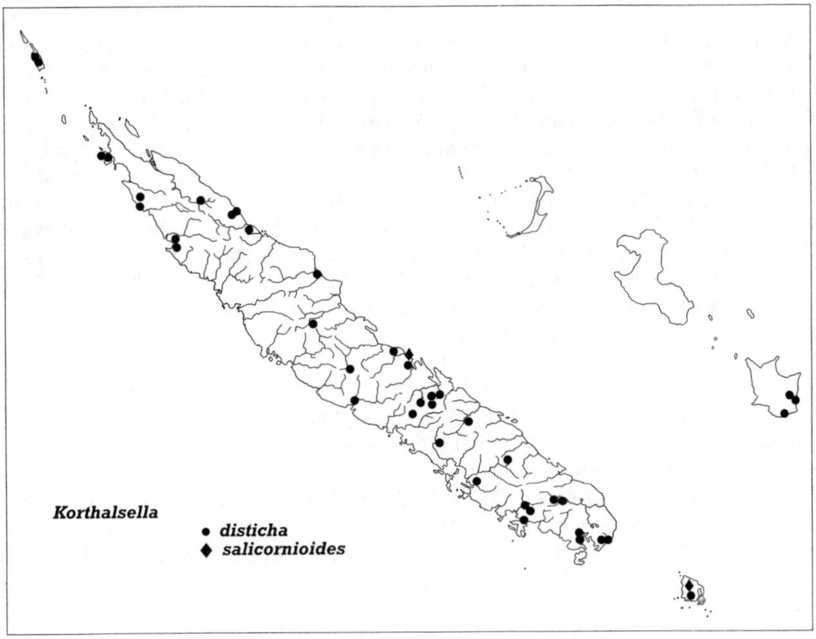

MATÉRIEL ÉTUDIÉ :

Aubréville & Heine 257, s. loc..
Balansa 1320, La Conception, 700 m, 24.1.1869 ; *3169*, Poum, 300 m, mai 1871 ; *3169a*, Ile Art, 21.6.1871.
Bamps 5810, Koindé, 700 m, 23.11.1977 ; *5941*, Mt Aoupinié, 8.12.1977.
Baumann 5444, Mé Amméri, 700 m, 13.8.1950 ; *13838*, Ile des Pins, Pic Nga, 1.6.1951 ; *14274*, Forêt Mois de Mai, 15.6.1951 ; *14772*, Maré, Penelo, 18.7.1951 ; *15095*, Forêt Mois de Mai, 13.8.1951.
Bernardi 9960, Koindé, 900 m, 3.8.1965 ; *10262*, Dôme de Tiébaghi, 400-600 m, 17.8.1965 ; *12562*, ibid., 550 m, 5.4.1968.
Blanchon 992, Col des Roussettes, entre Borameyi et Kaprepoa, 600 m ; *1458*, Dôme de Tiébaghi, 18.1.1965.
Buchholz 1371, Forêt Mois de Mai, 200 m, 6.11.1947 ; *1531*, entre Farino et Table Unio, 350-400 m, 19.7.1947.
Cabalion 389NC, Kouaoua, Mine SLN, 14.2.1978.
Däniker 1469, Dôme de Tiébaghi, 16.3.1925 ; *2367*, Lifou, 2.11.1925.
Franc 24A, Prony ; *254A*, ibid., janv. 1914 ; *1218*, s. loc. ; *1683*, Mts Koghis, 700 m, 14.10.1928 ; *1683A*, Prony, déc. 1913.
Germain s.n., s. loc.

Green 1313, Dôme de Tiébaghi, 500 m, 13.10.1963.
Guillaumin & Baumann 9009, Mé Amméri, 700 m, 29.11.1950.
Le Rat 418, *657*, Bourail ; *887*, Mts Koghis, oct. 1909.
Lécard s.n., Mt Do, 1200 m. ; *s.n.*, Mt Humboldt, 1400 m.
MacKee 4634, entre Ouaco et Kaala-Gomen, 50-100 m, 20.5.1956 ; *5050*, Ile des Pins, Pic N'Ga, 100-260 m, 5.8.1956 ; *6406*, *6407*, Mt Panié, 400-1200 m, 1.9.1958 ; *7982*, Mt Kaala, 100 m, 6.1.1961 ; *12101*, Mts Koghis, au-dessus de l'Ermitage, 700 m, 31.1.1965 ; *12439*, Col d'Amieu, Mé Ongué, 600 m, 16.4.1965 ; *13091*, *13092*, Ile des Pins, E Pic N'Ga, 50 m, 18.7.1965 ; *13870*, Contrefort NE Mt Panié, 600-800 m, 11.11.1965 ; *14864*, S Poro, 600 m, 1.5.1966 ; *14924*, SW Dôme de Tiébaghi, 300-500 m, 9.5.1966 ; *18086*, Canala, Sentier Ciu-Koindé, 500 m, 5.12.1967 ; *19065*, Port Boisé, 28.6.1968 ; *19162*, Roche Ouaième, 900-980 m, 13.7.1968 ; *19163*, idem ; *19996*, haut Diahot, Tendé, 500-600 m, 12.12.1968 ; *25436*, Maré, Cap Wabao, 30-80 m, 3.5.1972 ; *25517*, Tontouta, Mt Ndui, 200 m, 22.5.1972 ; *29225*, Port Boisé, Pointe Puka, 20 m, 30.8.1974 ; *30520*, Ile Art, Plateau N, 200 m, 10.12.1975 ; *31141*, Dôme de Tiébaghi, 400 m, 25.4.1976 ; *31472*, Mt Ninga, 1300 m, 6.7.1976 ; *31801*, Paagoumène, 10 m, 22.8.1976 ; *35578*, leg. *Cherrier*, Mt Panié, 1000 m, 3.8.1978 ; *36999*, Port Boisé, 20 m, 17.7.1979.
McMillan 5075, Dôme de Tiébaghi, 550 m, 13.7.1952.
McPherson 1927, Port Boisé, 30.10.1979 ; *3732*, Mt Panié, 800 m, 4.4.1981.
Nothis 49, Forêt Mois de Mai, 8.3.1966 ; *561*, Paagoumène, 21.8.1967.
Pancher 627, Ile des Pins ; *s.n.* (*Vieillard 638*), ibid.
Schmid 2222, Maré, Penélo, 11.7.1967.
Thorne 28081, Sommet Dôme de Tiébaghi, 21.10.1959 ; *28181*, Mt Kaala, 23.10.1959 ; *28500*, Mts Koghis, 800 m, 4.11.1959.
Veillon 2029, Mts Koghis, 600 m, 11.7.1969 ; *2633*, Mt Ninga, 1200 m, 8.6.1972.
Vieillard 638, Poila, 1855-60 ; *638*, Wagap, 1861-67.
Virot 1398, Mtagne de Poum, 8.11.1943.
Webster & Hildreth 14926, Mt Canala, Ciu, 700 m, 20.8.1968.

2. **Korthalsella salicornioides** (A. Cunningham) van Tieghem

Bull. Soc. Bot. France **43** : 164 (1896) ; ENGL., Nat. Pflanzenfam. Nachtr. : 138 (1897).
– *Viscum salicornioides* A. CUNN., Ann. Nat. Hist. **2** : 208 (1839), « *salicornoides* ».
– *Korthalsella striata* DANSER, Bull. Jard. Bot. Buitenzorg, ser. 3, **14** : 124 (1937). – Type : *Pancher s.n.* (*Vieillard 638*), holo-, P!

Plante grêle, atteignant 8 cm, glabre, ramifiée à chaque nœud dans la partie végétative basale, à extrémités fertiles, simples, comportant jusqu'à 15 entre-nœuds. Entre-nœuds végétatifs de la base presque cylindriques, atteignant 12 mm de longueur et 1 mm d'épaisseur, légèrement élargis et comprimés vers le haut ; 1-3 côtes longitudinales distinctes ; feuilles rudimentaires encerclant le nœud, celles du milieu longues de 0,3 mm env., les latérales aiguës et longues de 0,5 mm env. Entre-nœuds fertiles progressivement plus courts que les végétatifs, généralement de 1-2 mm de longueur, décussés.

Inflorescences peu fleuries, comprenant une fleur ♂ axillaire, apparaissant la première et plusieurs fleurs ♀ latérales se développant par la suite et encerclant finalement le nœud. – Pl. **15** p. 95 ; carte p. 97.

TYPE : *R. Cunningham s.n.*, Nouvelle-Zélande, Bay of Islands, Keri-Keri River, 1834 (holo-, K).

K. salicornioides existe en Nouvelle-Calédonie et en Nouvelle-Zélande. Il a été signalé une seule fois sur la Grande-Terre (Kouaoua) et deux fois à l'Ile des Pins, à basse altitude semble-t-il, parasite de *Baeckea*. Du fait de sa petite taille il peut avoir échappé aux regards et n'est peut-être pas aussi rare. En Nouvelle-Zélande il est commun dans les îles du nord et celles du sud, le plus souvent parasite de *Leptospermum*.

Cette espèce est généralement connue en Nouvelle-Calédonie sous le nom de *K. striata*. La comparaison entre les rares échantillons néocalédoniens disponibles et ceux de *K. salicornioides* de Nouvelle-Zélande, nous a conduit à les considérer comme conspécifiques. Sur les plantes de Nouvelle-Calédonie les entre-nœuds de la base sont plus minces avec des côtes plus prononcées (souvent 2 de chaque côtés) que sur les spécimens de Nouvelle-Zélande. Les feuilles rudimentaires ont une taille un peu moins uniforme, celles du milieu étant souvent un peu plus courtes que les latérales. De toute façon les différences sont légères et ne suffisent pas pour distinguer des espèces.

MATÉRIEL ÉTUDIÉ :

Haudricourt s.n., Kouaoua, 1965.
Pancher s.n. (*Vieillard 638*), Ile des Pins. ; *628*, ibid.

ALSEUOSMIACEAE

par

Christiane TIREL & Joël JÉRÉMIE*

1 genre, 1 espèce endémique

AIRY SHAW, Kew Bull. **18** : 249 (1965) ; *in* WILLIS, Dict. Fl. Pl., ed. 7 : 44 (1966) ; *l.c.*, ed. 8 : 46 (1973) ; R.O. GARDNER, Blumea **24** : 138 (1978) ; CRONQUIST, Integr. Syst. Class. Flow. Pl. : 565 (1981) ; STEENIS, Blumea **29** : 387 (1984) ; Fl. Males., ser. 1, **10** : 335 (1986) ; W.C. DICKISON, Systematic Bot. **11** : 214-221 (1986).
– *Caprifoliaceae* trib. *Alseuosmiae* HUTCH., Gen. Fl. Pl. **2** : 83 (1967).

Arbustes. *Feuilles* alternes, parfois sub-verticillées, simples, entières ou dentées, à nervation pennée, sans stipules.

Fleurs solitaires ou ± fasciculées, parfois en courtes grappes, terminales ou axillaires. Fleurs actinomorphes, ⚥ ou fonctionnellement unisexuées, 4-5(-7)-mères. Calice à sépales libres, valvaires ou écartés les uns des autres dès les premiers stades (autre interprétation : hypanthium à 4-5(-7) lobes sépalaires). Corolle infundibuliforme ou urcéolée-campanulée, gamopétale ; lobes à préfloraison valvaire ; excroissances internes situées soit sur les bords ou à la base des lobes, soit à la fois sur les bords et à la base des lobes. Étamines alternipétales, soit subsessiles et fixées au sommet du tube de la corolle, soit à filets insérés tout à la base de la corolle ; anthères introrses, dorsifixes, à déhiscence longitudinale. Absence ou présence d'un disque charnu au-dessus de l'ovaire. Gynécée à ovaire infère (parfois semi-infère au stade jeune), surmonté d'un style simple, cylindrique ; stigmate globuleux ou discoïde, ± bilobé ; 2 loges contenant chacune 2 à plusieurs ovules insérés sur le septum.

Fruit : baie contenant 1 à plusieurs graines albuminées.

TYPE : *Alseuosmia* A. Cunn.

---

* Laboratoire de Phanérogamie, Muséum National d'Histoire Naturelle, 16, rue Buffon, 75005 Paris, France.

Cette petite famille comprend 4 genres : *Alseuosmia* A. Cunn. de Nouvelle-Zélande, *Wittstenia* F. Muell. d'Australie et Nouvelle-Guinée, *Crispiloba* Steenis du Queensland et *Periomphale* Baill. de Nouvelle-Calédonie.

Longtemps rattachées aux Caprifoliacées, les Alseuosmiacées sont actuellement considérées comme une famille à part entière. Les Escalloniacées, les Loganiacées, les Pittosporacées, les Saxifragacées ont été citées parmi les groupes affins.

VAN STEENIS avait cru à l'existence du genre *Periomphale* en Nouvelle-Guinée et avait décrit en 1978 l'espèce *P. papuana* ; dans le même article, il publiait des combinaisons pour les taxons néocalédoniens : *P. gaultherioides* (Gilg & Schltr.) Steenis et *P. neocaledonica* (Gilg & Schltr.) Steenis. En 1984, il mettait *Periomphale* dans la synonymie de *Wittstenia.* Nous confirmons l'appartenance de l'espèce papoue au genre *Wittstenia* : *W. papuana* (Steenis) Steenis, par contre nous considérons que le matériel de Nouvelle-Calédonie appartient à un genre distinct (TIREL, 1996) et doit être maintenu dans *Periomphale.*

Periomphale Baillon

Bull. Mens. Soc. Linn. Paris **1** : 731 (1888) ; GUILLAUMIN, Fl. Anal. Synop. Nouv.-Caléd. : 318 (1948) ; AIRY SHAW, Kew Bull. **18** : 250 (1965) ; R.O. GARDNER, Blumea **24** : 141 (1978) ; STEENIS, Blumea **24** : 480 (1978), *p.p.* ; *l.c.* **29** : 388 (1984), *p.p.* ; TIREL, Bull. Mus. Natl. Hist. Nat., Paris, 4e ser., sect. B, Adansonia, **18** : 155 (1996).

– *Memecylanthus* GILG & SCHLTR., Bot. Jahrb. Syst. **39** : 269 (1906) ; GUILLAUMIN, Fl. Anal. Synopt. Nouv.-Caléd. : 342 (1948) ; HUTCH., Gen. Pl. **2** : 85 (1967), *pro syn.*

– *Pachydiscus* GILG & SCHLTR., *l.c.* : 270 (1906) ; GUILLAUMIN, *l.c.* : 342 (1948) ; AIRY SHAW, Kew Bull. **18** : 250 (1965), *pro syn.*

– *Wittstenia sensu* STEENIS *quoad Periomphale* BAILL. *pro syn.*, Blumea **29** : 391 (1984), *p.p.* ; Fl. Mal., ser. 1, **10** : 335 (1986), *p.p.*

Ce genre est endémique de Nouvelle-Calédonie. Plusieurs taxons avaient été distingués mais l'examen de l'ensemble du matériel a conduit à la reconnaissance d'une seule espèce.

Periomphale balansae Baillon

Bull. Mens. Soc. Linn. Paris **1** : 732 (1888) ; GUILLAUMIN, Fl. Anal. Synopt. Nouv.-Caléd. : 318 (1948) ; TIREL, Bull. Mus. Natl. Hist. Nat., Paris, 4e sér., sect. B, Adansonia, **18** : 158 (1996).

– *Wittstenia balansae* (BAILL.) STEENIS, Blumea **29** : 391 (1984).

– *Memecylanthus neocaledonicus* GILG & SCHLTR., Bot. Jahrb. Syst. **39** : 269 (1906). – Type : *Schlechter 15677* (holo-, B† ; iso-, P!).

– *Periomphale neocaledonica* (GILG & SCHLTR.) STEENIS, Blumea **24** : 481 (1978).

– *Pachydiscus gaultherioides* GILG & SCHLTR., Bot. Jahrb. Syst. **39** : 270 (1906). – Type : *Schlechter 15426* (holo-, B† ; iso-, P!).
– *Periomphale gaultherioides* (GILG & SCHLTR.) STEENIS, Blumea **24** : 481 (1978).
– *Periomphale pancheri* BAILL., Bull. Mens. Soc. Linn. Paris **1** : 732 (1888). – Type : *Pancher 77* (holo-, iso-, P!).

Arbuste de 1-6 m ou arbre grêle atteignant 6 m, entièrement glabre ; rameaux en zig-zag. *Feuilles* alternes, souvent sub-verticillées à l'extrémité des rameaux ; pétiole de 0,3-2 cm ; limbe entier, elliptique ou obové, étroit à large et de taille variable, de 3-13 × 1-6 cm, base généralement un peu atténuée, parfois aiguë-obtuse, sommet obtus parfois un peu acuminé, généralement papyracé, parfois subcoriace, vert ± foncé au-dessus, plus clair en dessous, brillant des deux côtés ; 4-8 paires de fines nervures secondaires assez espacées, réseau de nervilles peu visible.

Inflorescences terminales, parfois déportées latéralement (croissance sympodiale), en fascicules de (1)2-8(-15) fleurs, rarement racémeuses ; bractées (écailles du bourgeon) très tôt caduques, à leur aisselle et à celle des jeunes pétioles touffe de poils glanduleux, multicellulaires et unisériés. Fleurs 4 ou 5(6)-mères, ⚥ (peut-être fonctionnellement ♂) ou fonctionnellement ♀, observées sur des individus distincts. Pédicelle souvent filiforme atteignant 2,5 cm sur les fleurs ⚥, généralement plus court sur les fleurs ♀, s'allongeant fortement sur les individus parasités. Calice vert à lobes sépalaires écartés les uns des autres, largement triangulaires, hauts de 1-1,5 mm. Corolle rose, blanche, blanc verdâtre, souvent teintée de rouge, le plus souvent très fine, urcéolée à campanulée, longue de (4-)5-8(-9) mm ; tube relativement large ; 4 ou 5(6) lobes triangulaires de 1,2-2 mm ; à la base des lobes du côté interne, présence d'excroissances irrégulières, formant une colerette obstruant ± le tube. Étamines 4 ou 5(6) à filets cylindriques insérés tout à la base de la corolle, longs de 2-3,5 mm, parfois inégaux dans la même fleur ; anthères parfois apiculées, de 0,5-0,8 mm dans les fleurs ⚥ ; étamines petites, stériles ou presque dans les fleurs ♀. Disque surmontant l'ovaire, orange, annulaire et ± ondulé, haut de 1 mm env. ; parfois plus réduit et formé de lobes indépendants, inexistant dans la plupart des fleurs parasitées. Ovaire infère (parfois d'abord semi-infère) haut de 1-1,5 mm, ± 4 ou 5(6)-côtelé, nettement plus gros si parasité ; style élancé ou trapu, traversant le disque ; stigmate capité ou bilobé ; 2 loges contenant chacune 4-6 ovules * anatropes pendants, étagés sur la cloison interne ou groupés à la base de la cavité.

---

* C'est sur la présence d'un seul ovule par loge que SCHLECHTER basait essentiellement la distinction du genre *Memecylanthus* ; les ovules sont très petits et nous en avons trouvé 6 dans une loge de l'ovaire d'un bouton porté par l'isotype.

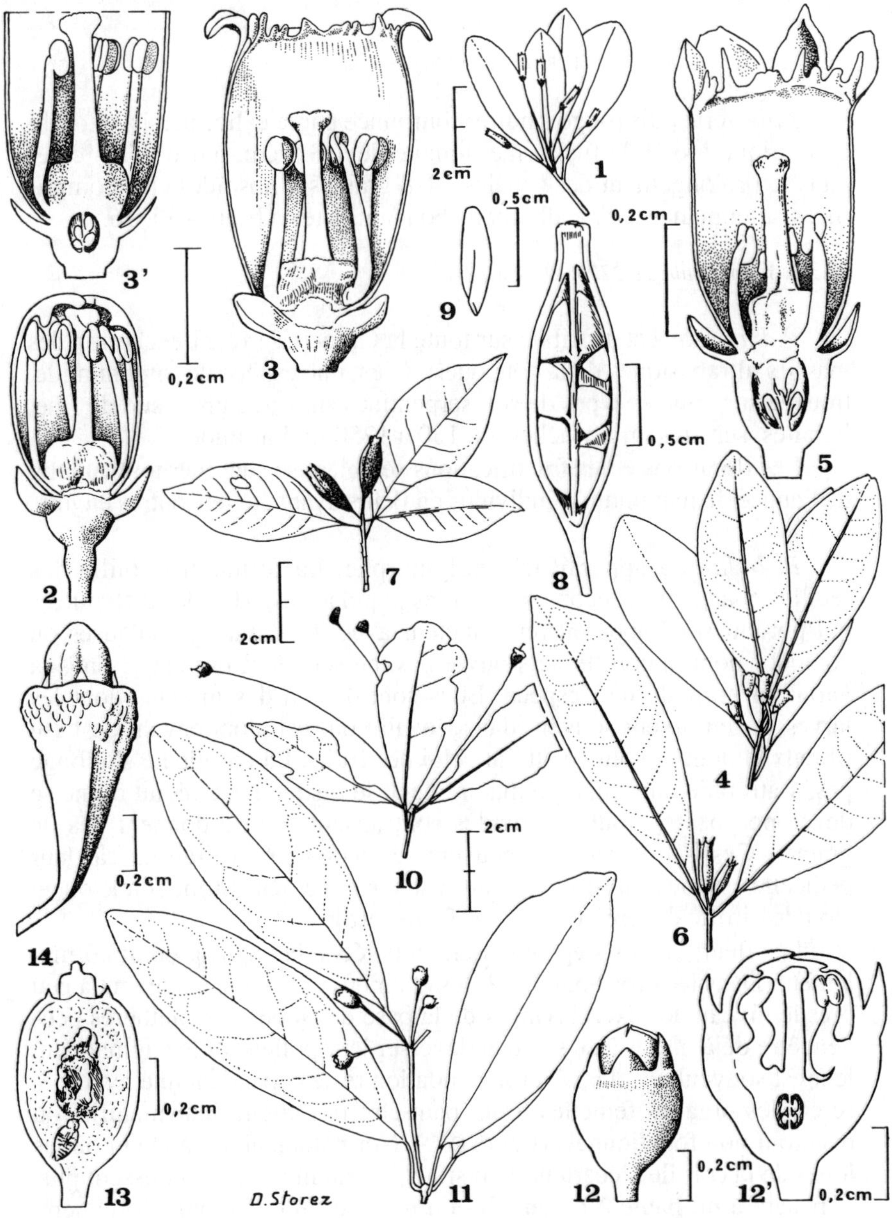

Pl. 16. – **Periomphale balansae** Baill. : **1**, extrémité florifère ⚥ ; **2**, jeune fleur ⚥, un sépale, deux pétales et une étamine enlevés ; **3**, fleur ⚥, une partie du périanthe et une étamine enlevés ; **3'**, fleur en coupe longit. ; **4**, extrémité florifère ♀ ; **5**, fleur ♀ en coupe ; **6**, rameau avec deux jeunes fruits ; **7**, extrémité fructifère ; **8**, fruit en coupe longit. ; **9**, graine ; **10, 11**, rameaux à inflorescences parasitées ; **12**, fleur parasitée globuleuse ; **12'**, fleur parasitée en coupe ; **13**, coupe avec larve d'insecte enchassée dans l'ovaire ; **14**, fleur parasitée obconique. (1-3, *MacKee 40762* ; 4, 5, *MacKee 33322* ; 6, *McPherson 1991* ; 7-9, *MacKee 26282* ; 10, *MacKee 12270* ; 11-12', *MacKee 16759* ; 13, *Bernardi 10037* ; 14, *Veillon 3886*).

Baie verte puis rouge à noire, couronnée par le calice persistant, subcylindrique à ovoïde-fusiforme, longue de 1-3,5 cm, à 4 ou 5(6) côtes dans le prolongement des sépales ; 1-8 graines ellipsoïdes et ± comprimées, atteignant 1 cm, à albumen abondant, à testa brun. – Pl. **16**.

LECTOTYPE : *Balansa 2776* (P! ; iso-, P!).

P. balansae est distribué sur toute la Grande Terre à l'exception des massifs ultrabasiques de la côte ouest. C'est une espèce de forêt humide, trouvée sur tous les types de sol, serpentines surtout dans le sud de l'île, basaltes, schistes, grauwackes, de 150 à 1250 m d'altitude.

Les floraisons et les fructifications semblent se succéder tout au long de l'année, le maximum d'individus en fleurs ayant été rencontrés en juin.

P. balansae apparaît très polymorphe. La forme et la taille des feuilles changent beaucoup suivant les populations. Mais les différences qui portent sur l'appareil reproducteur avec des fleurs globuleuses ou coniques dont la corolle ne s'ouvre pas, ne semblent pas entrer dans la variation normale de l'espèce. Elles sont dues à des insectes dont les larves se retrouvent souvent dans l'ovaire qui est alors envahi de tissu fibreux et dont le volume atteint celui des fruits. La corolle ne s'allonge pas, s'atrophie ou tombe prématurément, le disque reste réduit ou ne se développe pas du tout, les ovules sont absents ou ne donnent pas de graines. Ces fleurs infestées peuvent se reconnaître à l'œil nu car leur pédicelle est souvent très long, atteignant 6 cm et leur forme ronde ou en clou de girofle diffère de celle des fruits fertiles.

Les fleurs saines s'épanouissent et la fécondation se produit normalement. Dans les gros boutons ⚥, les étamines et le style atteignent à peu près le niveau des excroissances de la base des lobes. Les anthères peuvent être déjà mûres à ce stade et déverser leur pollen sur le stigmate qui leur est souvent accolé. L'autofécondation reste cependant une hypothèse car les organes femelles n'ont peut-être pas atteint leur maturité ou resteront non fonctionnels (fleurs ♂ ?). Normalement au moment où les lobes de la corolle s'écartent, le pistil et les étamines ne grandissent plus et restent à mi-hauteur ou aux 2/3 du tube qui, lui, s'allonge fortement. Dans la fleur ouverte, le disque orange est bien visible au fond de la corolle ; sa couleur attire probablement certains insectes. Ces derniers venus consommer le nectar doivent favoriser la fécondation croisée.

MATÉRIEL ÉTUDIÉ :

Balansa 1263, La Conception, 700 m, janv. 1869 (fl. paras., fr.) ; *2776*, ibid., 500 m, fév. 1870 (fl. paras. et fl. fert.), lectotype.

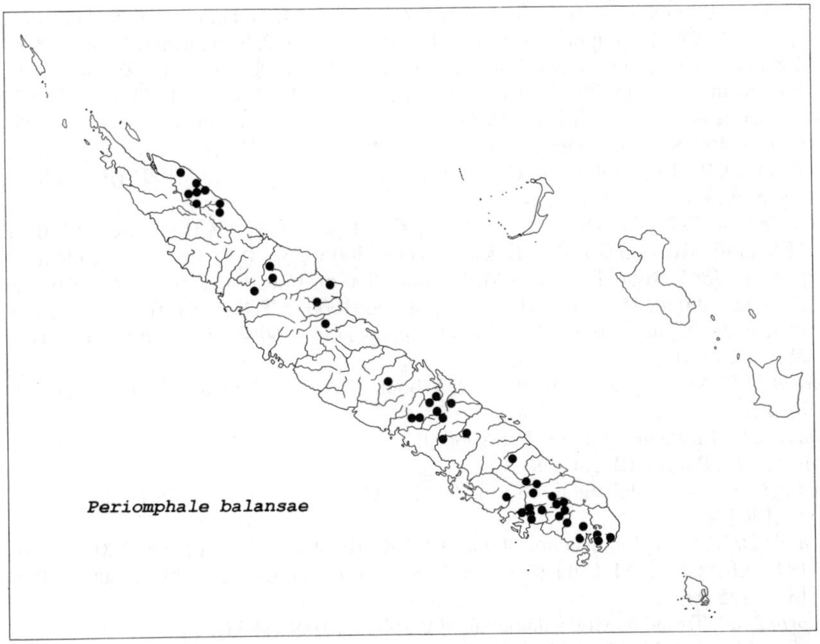

Baumann 13924, haute Riv. blanche, Mois de Mai, 300 m, 22.6.1951 ; *14109*, ibid., 23.6.1951 ; *14150*, *14161*, *14220*, ibid., 24.6.1951 (fl.) ; *14245*, *14246*, *14261*, ibid., 25.6.1951 (bout.).

Bernardi 10037, *10043*, Ouipouin, 500 m, 6.8.1965 (fl. paras.).

Deplanche 413, Pouébo, 1861-67 (fl. paras.).

Guillaumin & Baumann 9078, Mé Amméri, 700 m, 30.11.1951 (j.fr.) ; *9169*, ibid., 30.11.1950 ; *10866*, Riv. Bleue, 200 m, 22.2.1951 (fl. paras.) ; *11850*, *11873*, *11875*, Bon Secours, 400 m, 31.3.1951 ; *11980*, Pic du Pin, 1.4.1951 ; *12536*, Mt Bouo, 700 m, 20.4.1951 (fl. paras.).

Hoff 28806, Mts Koghis, 600 m, oct. 1980 (fl.).

Hürlimann 870, Vallée du Boulari, 400 m, 5.2.1951 (fr.) ; *1235*, Mt Tchingou, 1250 m, 18.4.1957 (bout.) ; *1325*, Pic Sunshine, 900 m, 8.5.1951 (fl.) ; *1517*, entre Riv. Bleue et Riv. Blanche, 12.6.1951 (fl.) ; *1555*, ibid., 540 m, 14.6.1957 ; *1957*, haut Diahot, 300 m, 6.9.1951 (bout.).

Jaffré 1304, Forêt Nord, 10.6.1974.

Le Rat 2947, Mts Koghis, avr. 1908 (fl.).

MacKee 4703, Mts Koghis, 400-500 m, 3.11.1956 ; *4760*, Col de Parari, 600 m, 11.6.1956 (fl.) ; *4852*, Mtagne des Sources, 600-800 m, 24.6.1956 (fl.) ; *4933*, Col des Dalmates, 21.7.1956 (fl.) ; *4948, 4949*, Vallée de Thy, 400-500 m, 22.7.1956 (fl.) ; *5601, 5613, 5615,* Plateau de Dogny, 300-900 m, 25.10.1956 (fl.) ; *12270*, Col d'Amieu, Mé Ongue, 650 m, 17.3.1965 (fl. paras.) ; *16759*, haute Tchamba, 300-500 m, 11.5.1967 (fl. paras.) ; *21318*, haut Diahot, Tendé, 500-600 m, 15.12.1969 (bout.) ; *24018*, NW du Mt Canala, 700-800 m, 28.7.1971 (fl. paras.) ; *24466*, Prony, 300 m, 22.10.1971 (j.fr.) ; *24889*, Mt Do, 950-1020 m, 26.1.1972 (fl. paras. et fl. fert.) ; *25365*, Ponérihouen, Mt Aoupinié, 850-950 m, 26.4.1972 (fl. paras.) ; *26282*, Koné, Mt Tandji, 700-800 m, 14.11.1973 (fr.) ; *28784*, Povila, 400 m, 13.6.1974 (fl.) ; *29123*,

Mt Do, 1000 m, 13.8.1974 (fl., fr.) ; *29204*, Prony, Mt Oungoné, 350 m, 30.8.1974 (j.fr.) ; *30988*, Mt Aoupinié, 1000 m, 2.4.1976 (fl.) ; *31312*, haut Diahot, Tendé, 600 m, 1.6.1976 (fl.) ; *33322*, haute Yaté, Riv. Bleue, 300 m, 16.6.1977 (fl. ♀) ; *38378,* La Foa, Koindé, 700 m, 29.11.1980 (fl. paras.) ; *33953*, Mt Nakada, 1050 m, 6.10.1977 (fl. paras. et fl. fert.) ; *40756, 40759, 40762,* Pouébo, Oumbarinien, 700 m, 8.9.1982 (fl.) ; *44460*, Kouaoua, Ménazi, 900 m, 6.7.1989 (fr.) ; *44676*, leg. *Suprin*, Thy, 500 m, 12.11.1989 (fl.) ; *45562*, leg. *Cherrier*, Les Dalmates, 150 m, 3.7.1991 (fr.) ; *45835*, leg. *Suprin*, ibid., 23.6.1992 (fl.).

McPherson 1991, Mt Do, 900 m, 2.11.1979 (fr.) ; *3104*, Mt Humboldt, 1300 m, 18.9.1980 (v.fl.) ; *3573*, Port Boisé, Ongoné, 300 m, 3.2.1981 (fr.) ; *3574*, idem (fl. paras.) ; *3865*, Route Dumbéa - Mt Dzumac, 800 m, 16.6.1981 (j.fr.) ; *3941*, Riv. des Pirogues, 300 m, 15.7.1981 (fl.) ; *5846*, Mt Do, 1000 m, 8.10.1983 (fl. paras.) ; *5963*, Plateau de Dogny, 550 m, 12.11.1983 (fl. paras., j.fr.) ; *6064, 6065*, Mt Panié, 760 m, 28.11.1983 (fl.).

Morat 7571, Mt Ninga, 1000 m, 9.11.1983 (bout., fl.) ; *7827*, Mt Panié, 750 m, 13.9.1984 (bout.).

Nothis 214, Mt Panié, 1000 m, 23.6.1966 (fl.).

Pancher 77, Pouébo (fl. paras.)

Schlechter 15426, Oubatche, 600 m, 15.12.1902 (bout.) ; *15677*, Ou Hinna, 500 m, 7.1.1903 (bout.).

Schmid 2037, Faux Bon Secours, 300 m, 1.6.1967 (bout.) ; *4132*, Mt Panié, 1000 m, sept. 1972 (j.fr.) ; *4572*, Mt Colnett, 600 m, 15.4.1973 (fl. paras.) ; *5284*, Mt Ninga, 1000 m, 18.6.1975 (bout.).

Suprin 2262, Tipindjé, Mt Cantaloupaï, 900-1000 m, 16.9.1983 (fr.).

Veillon 611, *612*, Mt Mou, 1100 m, 27.1.1966 (fl. paras.) ; *710*, Riv. Bleue, 26.4.1966 (bout.) ; *1246*, ibid., 23.5.1967 (fl.) ; *1352*, ibid., 28.9.1967 (j.fr.) ; *1628*, Mts Koghis, 550 m, 27.2.1968 (fr.) ; *2253*, Mtagne des Sources, 14.12.1970 (fr.) ; *2264*, Forêt Nord, 30.6.1971 (fl.) ; *2302*, Mt Panié, 550 m, 22.6.1971 (v.fl) ; *2649*, Mt Ninga, 1100 m, juin 1972 (fl., fr.) ; *2818*, Mt Ouin, fév. 1973 (j.fr.) ; *2876*, Riv. Blanche, mai 1973 (fl.) ; *3006*, Ouégoa, 2.8.1973 (j.fr.) ; *3153*, Mt Do, 950 m, janv. 1975 (bout.) ; *3196,* Faux Bon Secours, 13.4.1977 (fl. paras.) ; *3216*, Pic du Pin, 200 m, 22.6.1977 ; *3245*, Port Boisé, 6.7.1977 (fr.) ; *3317*, Mt Nakada, 950 m, 6.10.1977 (fl. paras.) ; *3886,* Mt Dzumac, 800 m, janv. 1979 (fl. paras.) ; *3912*, Mtagne des Sources, 600 m, mai 1979 (fl.) ; *3946*, Mt Nakada, 1000 m, juin 1979 (fl. paras.) ; *4238*, ibid, nov. 1979 (fl.) ; *4276*, Mt Ignambi, 1000 m, 15.4.1980 (fl. paras.) ; *5590*, haute Ouinnée, 700 m, 3.8.1983 ; *5772*, Mt Panié, 800 m, 13.9.1984 (bout., fl.) ; *7661*, Mts Koghis, 500 m, 12.5.1993 (fl.).

Vieillard 871, Balade, 1865-60 (fl. paras.).

PARACRYPHIACEAE

par

Joël JÉRÉMIE*

1 genre, 1 espèce endémique

AIRY SHAW, Kew Bull. **18 :** 265 (1965) ; AIRY SHAW *in* WILLIS, Dict. Fl. Pl., ed. 8 : 852 (1973) ; TAKH., Evol. Ausbreit. Blütenpfl. : 130 (1973) ; CRONQUIST, Integr. Syst. Class. Fl. Pl. : 335 (1981) ; MABB., Pl. Book : 430 (1987) ; CRONQUIST, Evol. Class. Fl. Pl., ed. 2 : 329 (1988).

Arbuste ou arbre à bois hétéroxylé. *Feuilles* simples, sans stipules, alternes, souvent pseudo-verticillées.

Inflorescences terminales, paniculées, composées de fleurs ⚥ et de fleurs exclusivement ♂. Périanthe indifférencié, composé de 4 (5) pièces libres, imbriquées, caduques. Fleurs ♂ : (1) 2 à la base des inflorescences partielles, souvent à 8 étamines. Fleurs ⚥ : 8-11 étamines disposées sur un seul cycle ; ovaire supère, composé de 8-15 carpelles unis latéralement et au centre ; stigmates sessiles, en nombre égal à celui des carpelles ; chaque loge carpellaire renferme 4 ovules anatropes, à tégument unique, disposés sur un seul rang, à placentation axile.

Fruit : capsule à carpelles se séparant d'une colonne centrale à partir de la base, mais restant réunis au sommet, et à déhiscence ventrale ; graines petites, albuminées, à embryon droit.

Cette famille comprend uniquement le genre *Paracryphia* Baker qui ne renferme qu'une seule espèce endémique de la Nouvelle-Calédonie : *P. alticola* (Schltr.) Steenis, dont la position taxonomique a été longtemps incertaine. Décrite par SCHLECHTER en 1906 dans le genre *Ascarina* (*Chloranthaceae*), elle a été par la suite placée par BAKER (1921), SWAMY (1953) et TAKHTAJAN (1973) dans la famille des *Eucryphiaceae*. AIRY SHAW (1965) a considéré qu'il était préférable de créer pour cette

* Laboratoire de Phanérogamie, Muséum National d'Histoire Naturelle, 16, rue Buffon, 75005 Paris, France.

plante une nouvelle famille (*Paracryphiaceae*) dans l'ordre des Theales, point de vue qui a été confirmé par DICKISON & BAAS (1977) puis par CRONQUIST (1981, 1988).

PARACRYPHIA Baker f.

J. Linn. Soc., Bot. **45** : 306 (1921) ; GILG *in* ENGL. & PRANTL, Pflanzenfam., ed. 2, **21** : 50 (1925) ; BAUSCH, Bull. Misc. Inf. Kew **1938** : 336 (1938) ; GUILLAUMIN, Fl. Anal. Synop. Nouv.-Caléd. : 215 (1948) ; AIRY SHAW, Kew Bull. **18** : 265 (1965) ; DICKISON & BAAS, Blumea **23** : 417 (1977) ; CRONQUIST, Integr. Syst. Class. Fl. Pl. : 335 (1981).

TYPE : *Paracryphia suaveolens* Baker f. (= *P. alticola* (Schltr.) Steenis).

Genre monospécifique, endémique de la Nouvelle-Calédonie.

Paracryphia alticola (Schlechter) Steenis

Bull. Bot. Gard. Buitenzorg **18** : 459 (1950) ; SWAMY, Proc. Nat. Inst. Sci. India **19** : 143-147 (1953) ; DICKISON & BAAS, Blumea **23** : 417-438 (1977).
– *Ascarina alticola* SCHLTR., Bot. Jahrb. Syst. **39** : 93 (1906).
– *Paracryphia suaveolens* BAKER f., J. Linn. Soc., Bot. **45** : 306 (1921) ; BAUSCH, Bull. Misc. Inf. Kew **1938** : 336 (1938) ; GUILLAUMIN, Fl. Anal. Synop. Nouv.-Caléd. : 215 (1948) ; AIRY SHAW, Kew Bull. **18** : 265 (1965). – Syntypes : *Compton 1515, 1772* (BM).

Arbuste ou arbre atteignant 18 m de hauteur ; tronc jusqu'à 50 cm de diamètre ; écorce brune, un peu rude. Jeunes rameaux à dense pubescence brun-roux ; rameaux âgés glabres. *Feuilles* à pétiole long de 2,5-4 cm. Limbe vert foncé brillant dessus, vert clair dessous, de 5-13 × 1,5-4,5 cm, obové à oblancéolé ; marge denticulée (env. 20 dents de chaque côté) ; sommet aigu à sub-acuminé ; base atténuée sur le pétiole ; nervation pennée ; 10-14 paires de nervures secondaires visibles sur les 2 faces ; réseau tertiaire bien apparent dessous.

Inflorescences longues de 4-5 cm, à pubescence ferrugineuse très dense dans le stade jeune, éparse au moment de l'anthèse (poils simples unicellulaires). Fleurs sessiles, nombreuses, ⚥ ou parfois seulement ♂. Périanthe : pièces fortement concaves (cochléariformes), de 2,5-4 mm de diamètre, l'externe, beaucoup plus grande, entourant presque complètement les autres. Fleurs ♂ à étamines disposées sur un seul cycle, de 3-4 mm de longueur, à filet très épaissi ; anthères basifixes longues d'environ 1 mm. Fleurs ⚥ à étamines à filets plus grêles, longues de 3-4 mm ; anthères basifixes longues de 1,5 mm env. ; pollen en grains simples, petits, presque sphériques (de 20-25 μm de diam.), tricolporé (décrit en

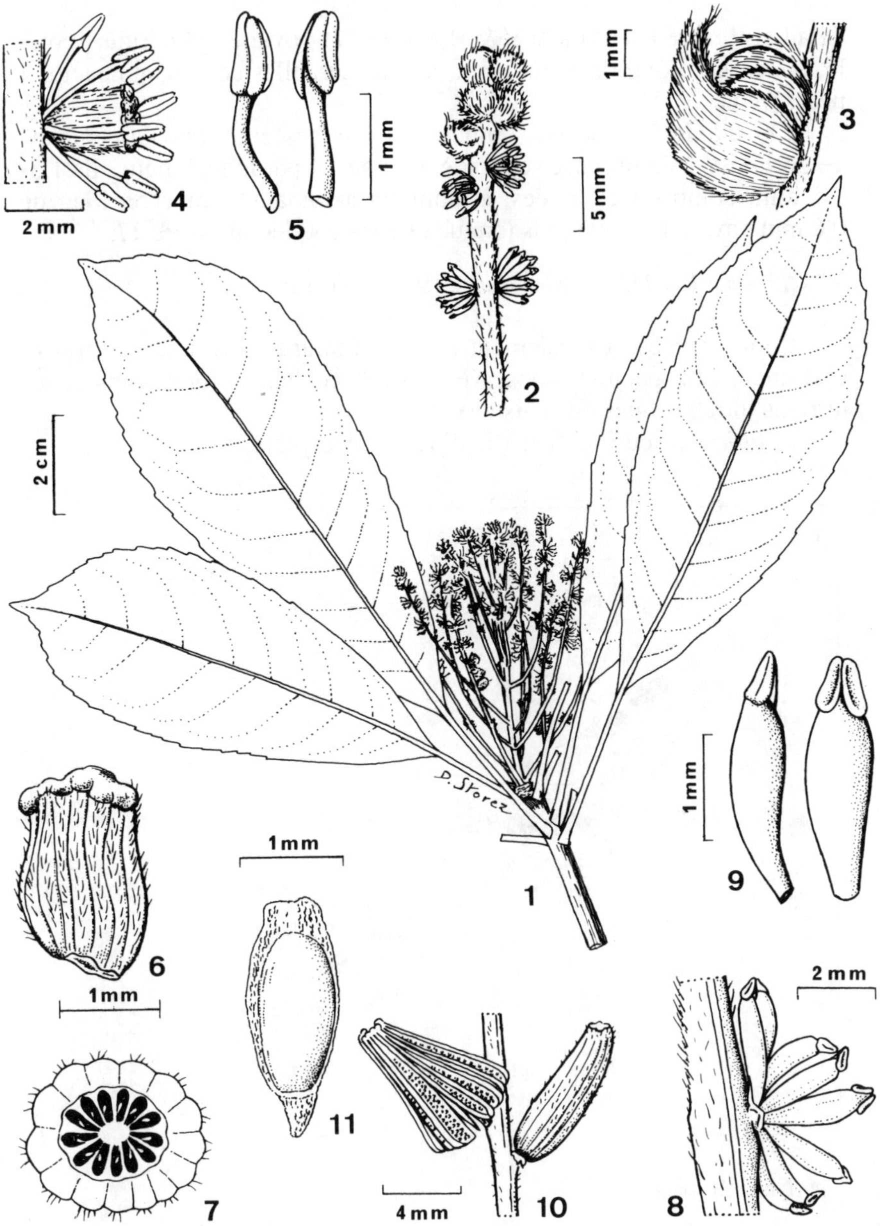

PL. 17. – **Paracryphia alticola** (Schltr.) Steenis : **1**, extrémité d'un rameau florifère ; **2**, extrémité d'une ramification de l'inflorescence (en bas, deux fleurs ♂) ; **3**, bouton floral ; **4**, fleur ⚥ (pièces du périanthe tombées) ; **5**, deux étamines de fleur ⚥ ; **6**, ovaire isolé ; **7**, coupe transversale d'un ovaire ; **8**, fleur ♂ ; **9**, deux étamines de fleur ♂ ; **10**, fruits (à gauche, en cours de déhiscence) ; 11, graine. (1-9, *MacKee 26820* ; 10, 11, *MacKee 31070*).

détail et illustré par DICKISON & BAAS, 1977) ; ovaire cylindrique, côtelé, pubescent, long de 3 mm env., à 8-15 carpelles contenant chacun 4 petits ovules.

Capsule longue de 8-11 mm, côtelée, pubescente (poils ascendants ± apprimés), à déhiscence septicide. Graines, 4 par loge, longues de 1,5-2,5 mm, comprimées, ailées, à albumen abondant ; embryon long de 0,6 mm env., à radicule plus longue que les cotylédons. – Pl. **17**.

TYPE : *Schlechter 15326,* Mt Humboldt, 1500 m (iso-, P!).

Cette espèce est localement assez commune entre 600 et 1500 m d'altitude. Les spécimens observés ont été récoltés en forêt humide, sur terrains ultrabasiques ou schisteux.

P. alticola fleurit et fructifie d'avril à décembre.

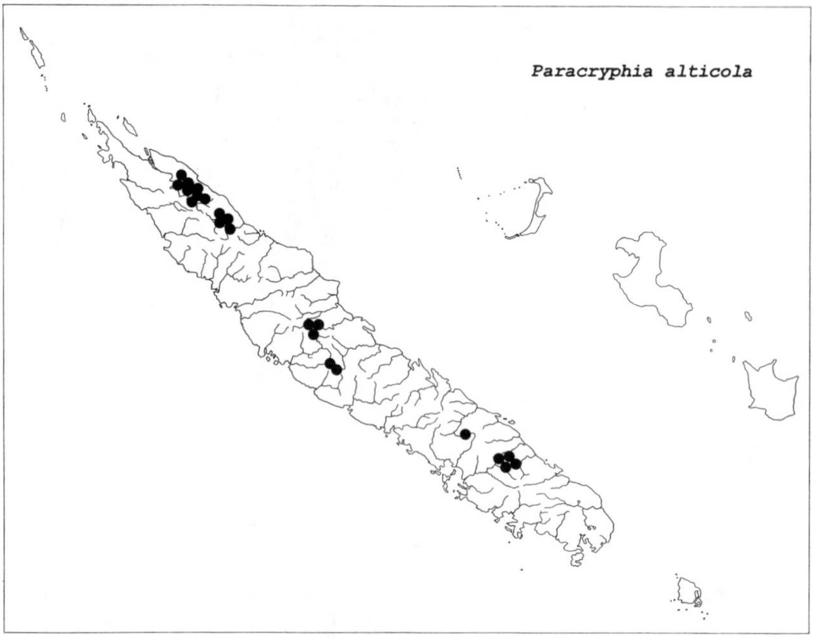

MATÉRIEL ÉTUDIÉ :

Bernardi 10362, Mt Ignambi, 1300 m, 19.8.1965 (fl.).
Brinon 1091, Mt Humboldt, 1360 m, 21.12.1980 (j. fr.) NOU.
Cayrol 28, Mt Humboldt, 1200 m, 20.12.1980 (j. fr.) NOU.
Dickison 286, Mt Mandjélia, 700 m, 19.12.1981 (fr.) NOU.
Hoff 2564, Mt Humboldt, 1300 m, 19.9.1980 (j. fr.).

Jérémie, Tirel & Veillon 1955, Mt Mandjélia, 700-800 m, 12.12.1991 (fr.).
MacKee 5380, Mt Ignambi, 900 m, 1.10.1956 (fr.) ; *21541*, Mé Maoya, Contrefort du Djiaouma, 1100-1200 m, 11.2.1970 (fr.) NOU ; *25898*, Mt Aoupinié, 1000 m, 6.11.1972 (j. fr.) NOU ; *26820*, ibid., 900-1000 m, 20.6.1973 (fl.) ; *27400*, Crête entre Mandjélia et Col de Tiébo, 750 m, 19.9.1973 (fr.) ; *31070*, Ponérihouen, Mt Aoupinié, 900 m, 20.4.1976 (fr.) ; *31490*, Thio, Mt Ningua, 1300 m, 6.7.1976 (bout., j. fr.) ; *37133*, Mt Mandjélia, 750 m, 12.7.1979 (fl.) ; *40937*, Mé Maoya, Barendeu, 1100 m, 18.10.1982 (fr.).
McPherson 2732, Mt Mandjélia, 700 m, 25.5.1980 (fl., fr.) ; *2937*, Mé Maoya, 1300 m, 7.8.1980 (j. fr.) MO, NOU ; *3468*, Mt Humboldt, 1350 m, 21.12.1980 (j. fr.) MO, NOU ; *4763*, Mt Mandjélia, 700 m, 1.8.1982 (fl., j. fr.) ; *6568*, ibid., 600-700 m, 12.5.1984 (fl.).
Morat 6287, *6293*, Mt Panié, 1600 m, oct. 1978 (fr.) ; *8645*, Mt Mandjélia, 750 m, 25.9.1990 (fr.).
Schlechter 15326, Mt Humboldt, 1500 m, 16.11.1902 (j. fr.).
Schmid 1575, Mt Panié, 1500 m, 19.9.1966 (fl.) ; *4180*, ibid., 1.10.1972 (fr.).
Suprin 1188, Mt Mandjélia, 700 m, 15.4.1981 (fr.) NOU ; *1368*, Mt Aoupinié, 1000 m, 3.9.1981 (fr.) NOU ; *1388*, Mt Panié, 1600 m, 16.9.1981 (fr.) NOU.
Veillon 2837, Mt Humboldt, 1250 m, 26.4.1973 (fl.) ; *3586*, Mt Panié, 900-1000 m, 7.7.1978 (fl.) ; *6298*, Mt Ignambi, 950 m, 28.1.1987, NOU ; *7277*, Mt Mandjélia, 650 m, 25.9.1990 (fr.) NOU.

TILIACEAE

par

Christiane TIREL*

4 genres, 7 espèces dont 1 endémique

A.L. JUSS., Gen. Pl. : 289 (1789), *nom. cons.* ; DC., Prodr. **1** : 503-518 (1824) ; BENTH. & HOOK. f., Gen. Pl. **1** : 228-240 (1862) ; BAILL., Hist. Pl. **4** : 161-201 (1873) ; K. SCHUM., Nat. Pflanzenfam. **3,** 6 : 8-30 (1895) ; BURRET, Notizbl. Bot. Gart. Berlin **9** : 592-880 (1926) ; GUILLAUMIN, Fl. Anal. Synopt. Nouv.-Caléd. : 207 (1948) ; HUTCH., Gen. Fl. Pl. **2** : 473-497 (1967) ; CRONQUIST, Integr. Syst. Class. Fl. Pl. : 350-352 (1981).

Arbres, arbustes, arbrisseaux, herbes vivaces ou annuelles (lianes). Pubescence de poils simples et/ou de poils étoilés, stipités ou non, parfois écailleux ; dans le parenchyme, présence caractéristique de cellules, cavités ou canaux à mucilage. Stipules par paires, caduques ou persistantes. *Feuilles* alternes (rarement opposées)**, généralement simples, parfois lobées, à marge souvent dentée ; nervation pennée et/ou à 3-7 nervures palmées.

Inflorescences terminales ou axillaires, composées de cymes diversement groupées ou réduites à 1-2 fleurs. *Fleurs* actinomorphes, ⚥ (rarement unisexuées), généralement 5-mères, parfois (2-3) 4 ou 6-mères. Sépales libres et à préfloraison valvaire (ou calice gamosépale se déchirant irrégulièrement). Pétales libres, à préfloraison tordue ou imbriquée, rarement valvaire, soit membraneux et environ de même taille que le calice (ou plus longs), soit épais et beaucoup plus courts que les sépales (parfois absents). Androgynophore souvent présent. Nectaires diversement situés, sur les pétales, le réceptacle ou l'androgynophore (ou à la base du calice). Étamines généralement très nombreuses (parfois 5-10), toutes fertiles (ou les externes staminodiales) ; filets libres (ou connés à

---

* Laboratoire de Phanérogamie, Muséum National d'Histoire Naturelle, 16, rue Buffon, 75005 Paris, France.

** Caractères, entre parenthèses dans cette description, ne concernant pas la famille en Nouvelle-Calédonie.

la base, parfois en 5-10 faisceaux) ; anthères biloculaires, dorsifixes (rarement basifixes), à déhiscence longitudinale (parfois fentes confluentes ou rarement pores apicaux). Gynécée de 2-plusieurs carpelles soudés ; ovaire supère (très rarement infère), à 1-10 loges complètes ou incomplètes ; généralement placentation axile, rarement placentas fortement intrusifs ne se rejoignant pas au centre ; ovules, l-n par loge, anatropes, à chalaze épaissie ; style 1, généralement élancé, parfois très court ; stigmate ± lobé (ou entier).

Fruit sec ou charnu, déhiscent ou non, parfois schizocarpique. Graines 1-n, à raphé finement saillant, pourvues d'une calotte chalaziale à l'opposé du micropyle et du funicule, généralement glabres, parfois bordées de poils (rarement ailées) ; albumen copieux ou réduit (ou absent) ; embryon généralement droit, parfois à cotylédons recourbés.

TYPE : *Tilia* L.

L'ordre des Malvales, auquel appartiennent les Tiliacées, comporte des familles dont les limites paraissent parfois difficiles à préciser, en particulier entre Tiliacées, Éléocarpacées et Sterculiacées. Les critères importants de distinction portent sur l'existence de mucilage dans le parenchyme (absent dans les Éléocarpacées) et la morphologie des étamines : nombre de loges (l chez les Malvacées, l ou plusieurs chez les Bombacacées), insertion des anthères (basifixes chez toutes les Éléocarpacées), soudure des filets (fréquente chez les Sterculiacées). Les Tiliacées ont été divisées en plusieurs sous-familles ou/et tribus dont certaines ont été élevées par quelques auteurs au rang de famille, comme les Éléocarpacées ; d'autres comme les Prockiées sont parfois rangées parmi les Flacourtiacées ce qui démontre bien les affinités entre les deux familles.

Les Tiliacées comptent une cinquantaine de genres et environ 500 espèces surtout répandues sous les tropiques, en Amérique, Afrique et Asie. Dans les régions tempérées, seul le genre *Tilia* a une certaine importance. En Nouvelle-Calédonie, la famille n'est représentée, à l'état spontané, que par 7 espèces réparties dans 4 genres. Les aires de distribution sont généralement très vastes à l'exception de celle de l'unique représentant arborescent *Trichospermum inmac* qui, au-delà de la Nouvelle-Calédonie, se retrouve aux Touamotou et celle de *Corchorus neocaledonicus*, la seule espèce endémique ; cette dernière, longtemps appelée *Oceanopapaver neocaledonicum* Guillaumin, n'avait été rattachée aux Tiliacées que par de rares auteurs.

CLÉ DES GENRES

1. Herbes ou arbustes. Gynécée à style cylindrique-linéaire. Fruits non aplatis latéralement ; graines glabres.
   2. Pétales membraneux, environ de même longueur que les sépales, onguiculés et dépourvus de plage glanduleuse à la base. Fruit sec.
      3. Ovaire à loges pluri-ovulées. Fruit cylindrique ou moniliforme, sans épines visibles à l'œil nu. . . . . 1. *Corchorus*
      3'. Ovaire à loges bi-ovulées. Fruit globuleux, hérissé de longues épines. . . . . 2. *Triumfetta*
   2'. Pétales épais, beaucoup plus courts que les sépales, sans onglet mais à plage glanduleuse interne importante. Fruit drupacé à 1-4 pyrènes . . . 3. *Grewia*
1'. Arbre. Gynécée à style trapu. Capsule fortement aplatie et ailée ; graines bordées de longs cils . . . . 4. *Trichospermum*

1. CORCHORUS Linné

Sp. Pl. : 529 (1753) ; DC., Prodr. **1** : 504 (1824) ; BAILL., Hist. Pl. **4** : 167 (1873) ; Dict. Bot. **2** : 207 (1886) ; GAGNEP., Fl. Indoch. 1 : 555 (1911) ; CAPURON, Adansonia, ser. 2, **3** : 116 (1963) ; BACKER & BAKH. f., Fl. Java **1** : 390 (1963) ; A.C. SMITH, Fl. Vit. Nova **2** : 366 (1981) ; G.J. HARDEN, Fl. New S. Wales **1** : 319 (1990).
– *Antichorus* L., Syst. Nat., ed. 12, **2** : 264 (1767) ; Mant. Pl. : 64 (1767).
– *Maerlensia* VELL., Flumin. **5**, *tab. 112* (1831).
– *Ganja* REICHB., Handb. Nat. Pfl. Syst. : 303 (1837).
– *Oceanopapaver* GUILLAUMIN, Bull. Soc. Bot. France **79** : 226 (1932).

Herbes ou arbrisseaux ; indument de poils simples et/ou étoilés. Rameaux à croissance sympodiale. *Feuilles* alternes, parfois très proches les unes des autres et sub-verticillées, généralement simples et à marge dentée, parfois fortement lobées ; stipules lancéolées-filiformes.

Inflorescences en cymes d'abord terminales puis déportées latéralement à l'opposé des feuilles après développement du bourgeon axillaire. Boutons apiculés ou à extrémités sépalaires divergentes. Sépales 4 ou 5, oblongs-lancéolés, rostrés. Pétales 4 ou 5, jaunes, membraneux, presque aussi longs à un peu plus longs que les sépales, à préfloraison imbriquée ou tordue, obovés, à onglet ± marqué et souvent ciliolé. Nectaires papilleux à l'aisselle de chaque pétale. Androgynophore court à plateau staminifère dépourvu de poils. Étamines à longs filets filiformes ; anthères petites, médifixes et à loges recourbées de part et d'autre du point d'insertion. Ovaire oblong, à 2-6 loges contenant chacune de nombreux ovules en placentation axile ; style étroitement cylindrique, glabre ; stigmate fimbrié ou lobé.

Fruit sec cylindrique (en Nouvelle-Calédonie), à déhiscence loculicide en (3-) 4-6 valves, parfois indéhiscent et moniliforme à (1) 2 loges, glabre ou garni de poils étoilés et/ou simples, parfois finement échinulé, intérieurement creusé d'alvéoles séminales. Graines ellipsoïdes, glabres, à calotte chalaziale ± développée.

TYPE : *Corchorus olitorius* L. (voir N.L. BRITTON & MILLSPAUGH, Bahama Fl. : 262, 1920).

Ce genre comprend une centaine d'espèces répandues dans les régions tropicales et sub-tropicales. Certains *Corchorus* sont consommés comme légumes, d'autres sont surtout cultivés pour leurs fibres utilisées comme textile, en particulier *C. olitorius* L., commercialisé sous le nom de jute.

En Nouvelle-Calédonie, on trouve 3 espèces, deux à large répartition et la troisième endémique.

CLÉ DES ESPÈCES

1. Feuilles très allongées et pennati-lobées. Fruit moniliforme à logettes séminales bien séparées. Ovaire à (1)2 loges ; style dépassant les étamines. .... 1. C. *neocaledonicus*

1'. Feuilles ovées ou obtriangulaires, à marge crénelée-serretée. Fruit cylindrique à logettes séminales contiguës. Ovaire à (3)4-6 loges ; pistil caché par les étamines.

2. Arbrisseau dense et ± étalé ; indument de poils étoilés ; feuilles obovées, ne dépassant pas 4,5 cm de longueur. Sépales unis jusqu'au sommet sur les boutons ; pétales à onglet très réduit et souvent glabre. Capsules de 5-8 mm de diamètre, à sommet arrondi, hérissées de petites épines, elles-mêmes couvertes de poils étoilés .... 2. C. *torresianus*

2'. Herbe dressée ; indument de longs poils simples ; feuilles ovées, longues de 3-7,5 cm. Sépales à extrémités libres et divergentes sur les boutons ; pétales à onglet bien marqué et poilu. Capsules siliquiformes, ne dépassant pas 3 mm de diamètre, à sommet brièvement acuminé, garnies de petits tubercules portant quelques poils en peigne .... 3. C. *trilocularis*

1. **Corchorus neocaledonicus** Schlechter

Bot. Jahrb. **40,** Beibl. 92 : 28 (1908) ; GUILLAUMIN, Ann. Mus. Colon. Marseille **19** : 34 (1911) ; Fl. Anal. & Synopt. Nouv.- Caléd. : 207 (1948) ; TIREL, JÉRÉMIE & LOBR.-CALLEN, Bull. Mus. Natl. Hist. Nat., Paris, ser. 4, Adansonia **18** : 41 (1996).
– *Oceanopapaver neocaledonicum* GUILLAUMIN, Bull. Soc. Bot. France **79** : 226 (1932). – Lectotype : *Vieillard 2292* (P!).

Arbrisseau très ramifié de 0,50-1 m, à écorce gris foncé ; extrémités garnies de denses poils étoilés et/ou simples. Stipules linéaires-triangulaires de 1-1,8 mm, fragiles et caduques. *Feuilles* alternes souvent groupées et sub-verticillées sur de courtes pousses à l'aisselle d'une feuille plus âgée ; pétiole court mais bien individualisé, de 1-2 mm, se prolongeant en une forte médiane saillante à la face inférieure ; limbe linéaire et pennati-lobé, de 5-40 × 1-4 mm, arrondi aux extrémités, face supérieure vert clair, brillante et glabre ou presque, face inférieure semblable ou glauque à gris clair et à dense revêtement de poils étoilés ; 1-7 très courtes nervures latérales de chaque côté de la nervure médiane.

Inflorescences terminales en cymes ombelliformes de 1-7 fleurs, souvent secondairement déportées latéralement ; pédoncule de 1-7 mm ; bractées et bractéoles ± groupées au sommet du pédoncule, étroitement triangulaires, de 1-2 mm ; pédicelles de 3-10 mm. Boutons obovoïdes-ellipsoïdes, longs de 5 mm env. avant l'anthèse, coiffés par les 4(5) extrémités sépalaires divergentes. Sépales 4(5), verdâtres, oblongs-obovés, naviculaires et carénés, longs de 5-7 mm, à sommet acuminé-cornu, intérieurement glabres sauf aux deux extrémités finement pubescentes, extérieurement garnis de poils simples et/ou étoilés. Pétales 4(5), à préfloraison imbriquée, oblongs-ovés, longs de 6-7 mm, à base brièvement onguiculée sur 0,5 mm env., glabres sauf au niveau de l'onglet finement pubescent dorsalement et sur le coude interne. Papilles nectarifères en petits anneaux aplatis à l'aisselle de chaque pétale. Androgynophore haut de 0,25 mm env. à plateau staminifère d'abord cupuliforme. Étamines (30-)40-50, longues de 4 mm en moyenne. Ovaire oblong de 1-1,5 mm, garni de poils étoilés et/ou de poils simples, glanduleux ou non, à (1)2(3) loges pluri-ovulées ; style oblong-subulé, de 4-5 mm, dépassant nettement les étamines ; minuscule stigmate bilobé.

Fruit mince et moniliforme, long de 10-50 mm, indéhiscent ou à déhiscence limitée au sommet des 2 valves, à sa base disque staminifère convexe bien séparé du disque réceptaculaire épaissi à l'extrémité du pédoncule grêle ; 1-12 alvéoles séminales séparées par de nets rétrécissements. Graines ellipsoïdes-ovoïdes, pendantes, longues de 1,5-2 mm, brunes. – Pl. **18**.

TYPE : *Le Rat 457* (holo-, B† ; iso-, P!).

Cette espèce est actuellement localisée au nord de la côte ouest de la Grande-Terre. Elle croît en maquis sur péridotites ou serpentines et s'étend dans les zones rudérales secondarisées.

Les floraisons et fructifications semblent se produire tout au long de l'année.

Sous le nom d'*Oceanopapaver neocaledonicum,* cette plante a intrigué de nombreux systématiciens et a été rangée dans des familles diffé-

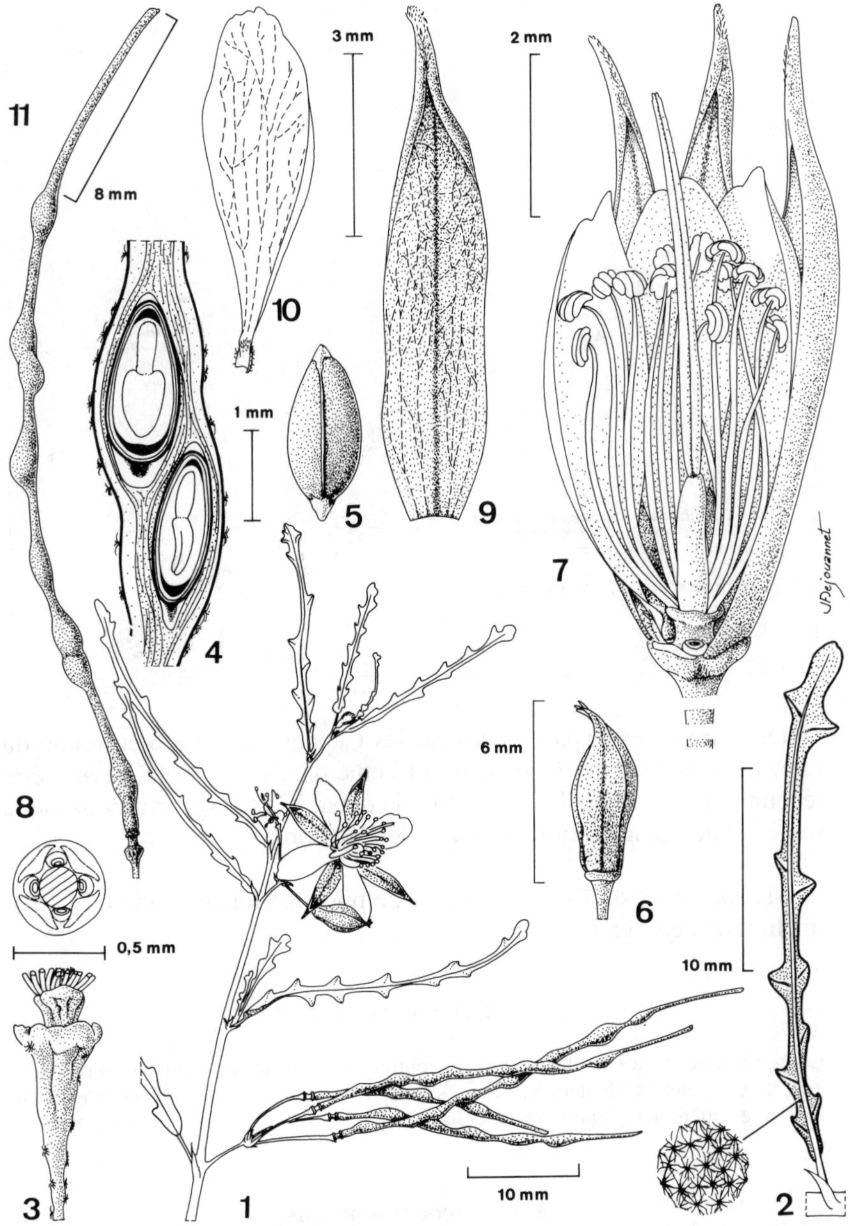

Pl. 18. – **Corchorus neocaledonicus** Schltr. var. **neocaledonicus** : **1**, rameau florifère et fructifère ; **2**, feuille, face inf. ; **3**, extrémité du pédicelle et androgynophore ; **4**, portion de fruit avec 2 graines en coupe longit. ; **5**, graine *(MacKee 10058)*. – Var. **estellatus** Tirel : **6**, bouton ; **7**, jeune fleur avec un sépale, un pétale et quelques étamines arrachés ; **8**, schéma du disque réceptaculaire vu du dessus, nectaire à l'aisselle de chaque pétale ; **9**, sépale, face int. ; **10**, pétale, face int. ; **11**, fruit *(MacKee 18354)*.

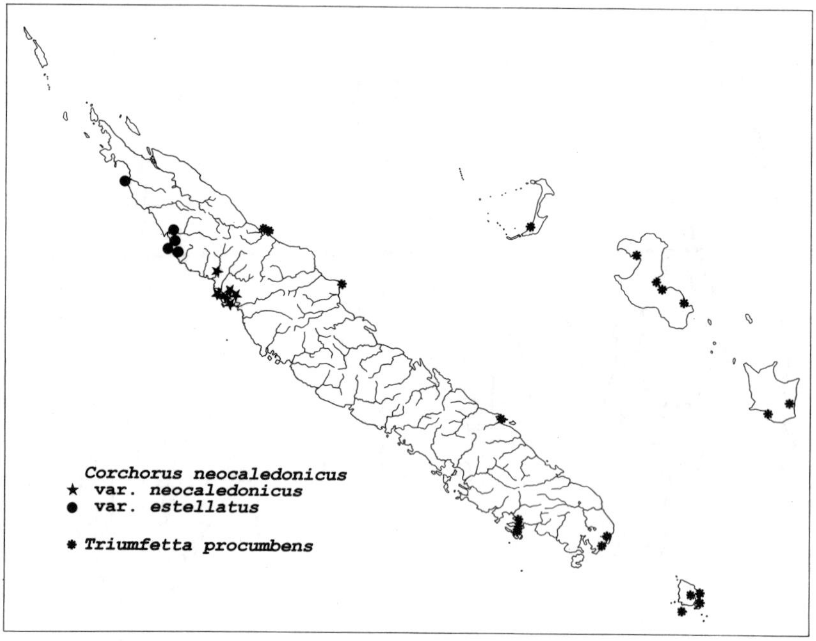

rentes comme les Papaveracées ou les Capparacées. Le bien-fondé du rattachement au genre *Corchorus,* effectué par SCHLECHTER, devrait être reconnu (TIREL *et al.,* 1996) et clore le débat. Cette espèce représente la seule Tiliacée endémique de Nouvelle-Calédonie.

La présence ou l'absence totale de pilosité étoilée conduit à la distinction de deux variétés.

CLÉ DES VARIÉTÉS

1. Face inférieure des feuilles, ramilles, boutons, ovaires, jeunes fruits couverts de poils étoilés très denses. . . . . a. var. *neocaledonicus*
1'. Plante entièrement dépourvue de poils étoilés. . . . . b. var. *estellatus*

a. var. **neocaledonicus**

Feuilles à revêtement continu de poils étoilés à la face inférieure, garnies de quelques poils glanduleux minuscules à la face supérieure. Fleurs à ovaire couvert de poils étoilés très denses, de petits poils glanduleux et de quelques poils unicellulaires.

MATÉRIEL ÉTUDIÉ :

Blanchon 717, Oundjo, 10.3.1964 (fl.).
Carlquist 15340, Oundjo, 4.8.1977 (fl.).
Cribs 1254, Kaféate, Voh, 50 m, nov. 1902 (fl.).
Deplanche 253, Cap Devert, localité douteuse, 1867 (bout.).
Dickison 278, Oundjo, 18.12.1981 (fl.) NOU.
Green 1286, Oundjo, Tiendana, 10.10.1963 (bout., fl.)
Guillaumin & Baumann 9600, Kaféaté, 22.12.1950 ; *12046,* ibid. 10.4.1951.
Le Rat 457, Mt Koniambo, mars 1903 (fl.) ; *s.n.,* Prony, localité douteuse (bout., fl.).
MacKee 4216, Oundjo, 1956 (bout., fl.) ; *4845*, ibid., 15.6.1956 (fr.) ; *6514*, ibid., 9.9.1958 (fr.) ; *10049*, ibid., 19.1.1963 (fr) ; *10058*, Mt Katépahié, 50 m, 19.1.1963 (fl., fr.) ; *17453*, Nouméa, cultivé, 14.9.1967 (fl., fr.) ; *22101*, Gatope, 27.6.1970.
McPherson 2704, Oundjo, 22.5.1980 (fl., fr.) ; *4213*, ibid., 25.9.1981 (fl.) NOU.
Morat 7403, entre Voh et Koné, 19.5.1983 (bout.).
Stauffer 5791, Blanchon & Boulet, Oundjo, 10 m, 10.3.1964 (bout.).
Thorne 28004, Oundjo, 20.10.1959 (fr.).
Veillon 5490, Oundjo, 19.5.1983 (fl., fr.) NOU ; *7897,* leg. *Butin,* ibid. 14.2.1996 (fl., fr., sec et en alcool).
Vieillard 2292, Gomonène près de Gatope, 1861-67 (fr.).
Webster 19241 & Jaffré, Oundjo 12.12.1973 (fl.).

b. var. **estellatus** Tirel

in TIREL *et al.*, Bull. Mus. Natl. Hist. Nat., Paris, ser. 4, Adansonia **18** : 42 (1996).

Appareil végétatif et organes reproducteurs garnis de poils simples, glanduleux ou non, et entièrement dépourvus de poils étoilés.

TYPE : *MacKee 18354* (holo-, iso-, P!).

Les spécimens de cette variété ont été récoltés dans le nord de l'aire de répartition de l'espèce.

MATÉRIEL ÉTUDIÉ :

Mackee 14380, Téoudié, N de cap Deverd, 2.2.1966 (bout.) ; *1691,* Gomen, 10 m, 19.6.1967 (bout., fr.) ; *18354,* Néhoué, Cap Tonnerre, 4.2.1968 (fl., fr.) ; *20738,* ibid., 9.9.1969 (bout., fl.) ; *23272*, Ouaco, Tinip, 10 m, 9.1.1971 (fr.) ; *39099,* Ouaco, Néchoua, 100 m, 18.5.1981.
Schmid 2691, Cap Tonnerre, 13.2.1969 (fl., fr.) NOU.
Veillon 2541, Tinip, 9.11.1984 (fl.) NOU.

2. **Corchorus torresianus** Gaudichaud

Voy. Uranie : 477 (1830) ; Yunck., Bernice P. Bishop Mus. Bull. **220** : 179 (1959) ; A.C. Smith, Fl. Vit. Nova **2** : 367 (1981).

– *C. torresianus* var. *yunckeri* Fosberg, Micronesica **2** : 147 (1966). – Type : *Yuncker 15985,* Tonga (holo-, BM).

Sous-arbrisseau de 30-100 cm de hauteur, ± étalé. Tige très ramifiée ; rameaux, pétioles, feuilles et axes inflorescentiels à revêtement continu et très dense de petits poils étoilés (stipités et à branches nombreuses), blanchâtres. Petites stipules en mucron, de 0,5 mm env., fragiles. *Feuilles* plutôt groupées sur les extrémités ; pétiole de 3-9 mm ; limbe obtriangulaire-obové, de 1,5-4,5 × 0,8-3 cm, base aiguë et brièvement arrondie, sommet nettement tronqué à subarrondi avec une petite dent médiane ± terminale, marges lâchement dentées-crénelées, subcoriace, vert grisâtre et velouté sur les deux faces ; nervation peu visible, en creux dessus et légèrement saillante dessous sur le sec, comprenant 3 nervures basales palmées et 2-6 paires de nervures latérales.

Inflorescences terminales (infrutescences déportées latéralement et opposées aux feuilles) en cymes ombelliformes de 3-6 fleurs portées par un pédoncule de 5 mm env. (épaissi et atteignant 18 mm sur le fruit) ; bractées et bractéoles sub-verticillées et minuscules ; pédicelles de 3-8 mm (atteignant 12 mm sur le fruit). Boutons largement ellipsoïdes et 4 ou 5-côtelés, longs de 5 mm env. avant l'anthèse, à sépales unis jusqu'au sommet. Sépales 4 ou 5, verdâtres, ovés-lancéolés, longs de 6-7 mm, intérieurement glabres et concaves, extérieurement à revêtement velouté, vert grisâtre et à côte médiane accentuée vers le haut. Pétales 4-5, à préfloraison imbriquée, largement obovés, longs de 5,5-6 mm, à onglet très réduit, glabres ou parfois bordés dans le 1/3 inférieur de quelques poils minuscules, simples ou étoilés. Liseré de papilles nectarifères à l'aisselle de chaque onglet pétalaire. Androgynophore surbaissé de 0,2 mm env., à plateau staminifère convexe. Étamines 70-120, de 5 mm env., cachant le pistil. Pistil de 4-5 mm ; ovaire oblong, à revêtement continu de poils étoilés, (3)4-6-loculaire ; ovules insérés horizontalement ; style de 2-2,5 mm, terminé par un petit stigmate cupuliforme papilleux.

Capsule cylindrique-oblongue, 4-6-côtelée, de 1,5-2,8 cm de longueur et 0,5-0,8 cm de diamètre, à sommet arrondi, à surface hérissée d'épines, elles-mêmes couvertes de poils étoilés, d'abord verte puis rouge sombre à brune ; déhiscence en 4-6 valves présentant intérieurement 2 files de 6-25 alvéoles séminales. Graines ellipsoïdes, de 1,5-2 mm, orientées presque perpendiculairement à l'axe du fruit, à

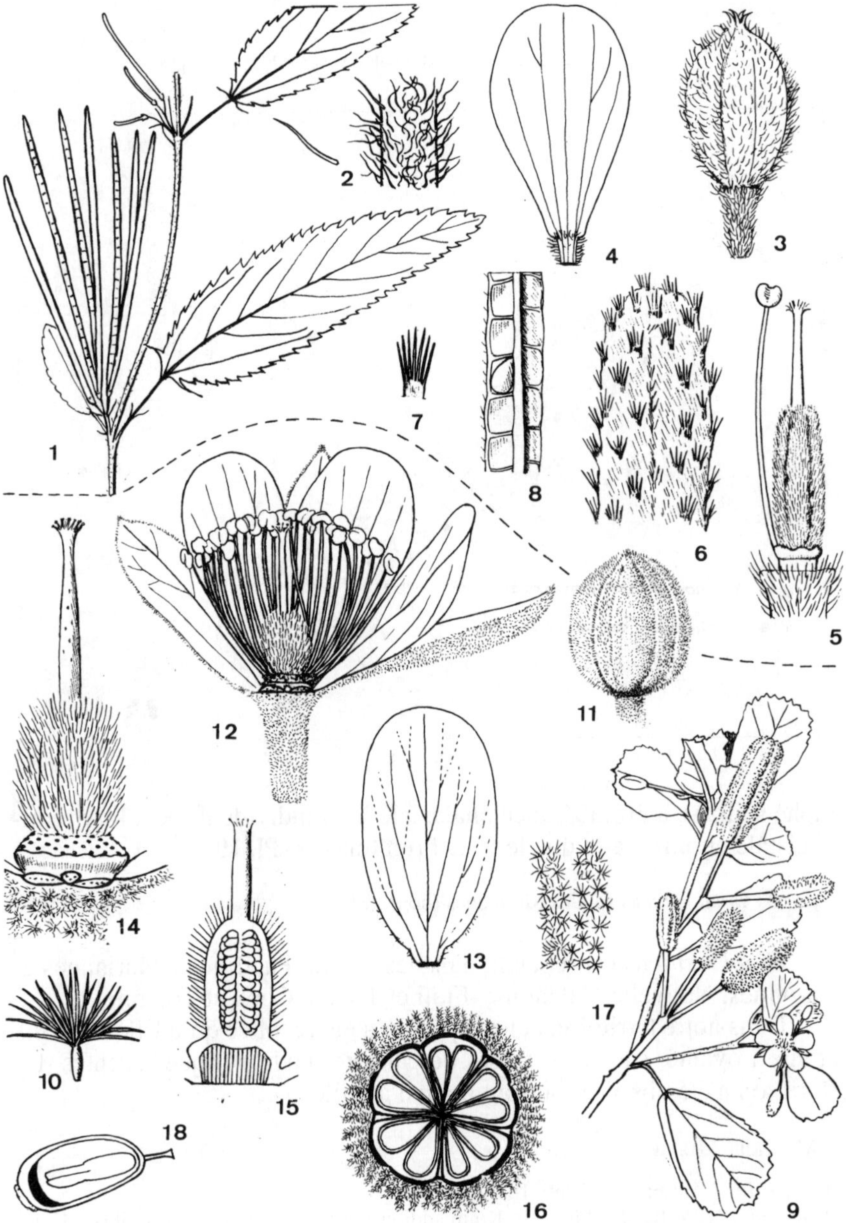

PL. 19. – **Corchorus trilocularis** L. : **1**, rameau fructifère × 2/3 ; **2**, pilosité de la tige, détail ; **3**, bouton × 4,5 ; **4**, pétale, face int. × 4 ; **5**, pistil, androgynophore et étamine × 6 ; **6**, jeune fruit, partie sup. × 4 ; **7**, pilosité du fruit, détail ; **8**, détail de l'intérieur d'une valve × 4 (1, 2, 6-8, *MacKee 11930* ; 3-5, *MacKee 24792*). – **C. torresianus** Gaudichaud : **9**, rameau florifère et fructifère × 2/3 ; **10**, poil de la tige × 25 ; **11**, bouton × 4 ; **12**, fleur, 2 sépales et 3 pétales enlevés × 4 ; **13**, pétale, face int. × 6 ; **14**, disque et pistil × 8 ; **15**, ovaire, coupe longit. × 8 ; **16**, jeune fruit, coupe transv. × 4 ; **17**, ornementation du fruit × 15 ; **18**, graine, coupe longit. × 8 (1-14, 16-18 *MacKee 15098* ; 15, *MacKee 25445*).

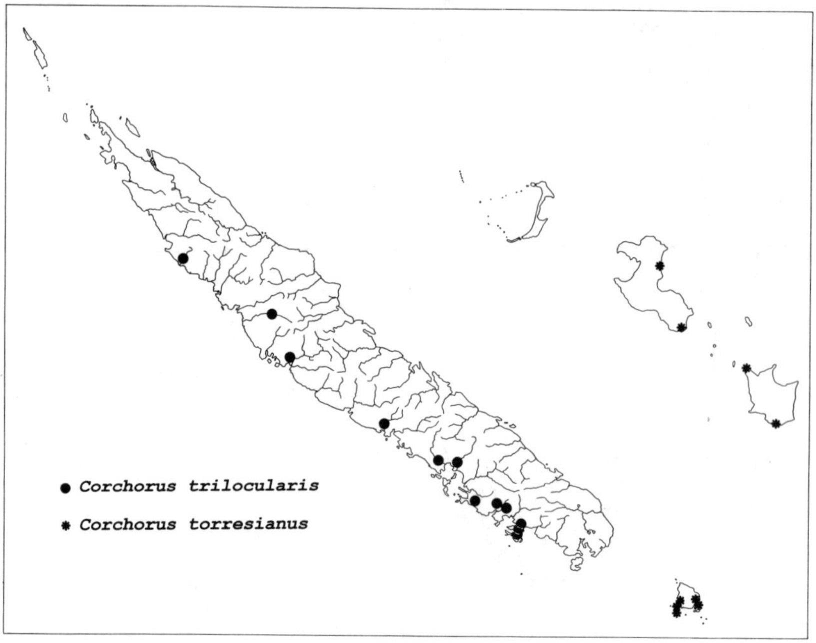

raphé saillant, à protubérance chalaziale bien individualisée à l'extrémité distale et plus claire que le testa brun foncé. – Pl. **19**.

TYPE : *Gaudichaud s.n.*, Iles Mariannes (holo-, P!).

C. torresianus est répandu dans les îles du Pacifique : Mariannes et Carolines, Nouvelle-Calédonie, Fidji et Tonga, Cook et Touamotu.

Dans notre territoire, cette espèce n'a été récoltée qu'à l'île des Pins et aux Loyauté, sur les terrasses de calcaire madréporique récentes. La floraison a été observée surtout de mai à juillet.

MATÉRIEL ÉTUDIÉ :

Balansa 1803, Lifou, 15.7.1869 (fl., fr.).
Baumann 13426, Ile des Pins, Ile Kouibandiou, 25.5.1951 (fr.) ; *13651*, ibid., Kuto, 28.5.1951 (fl., fr.).
Denizot s.n. Ile des Pins, Kuto, 16.8.1961 (fr.).
Le Rat 112, Ile des Pins (fr.).
MacKee 14085, Ile des Pins, Presqu'île d'Oro, 19.12.1965 (fr.) ; *15098,* ibid., Kuto, 9.6.1966 (fl., fr.) ; *22367,* ibid., Ilôt Ouate, 23.7.1970 (fr.) ; *25445,* Maré, Pédé, 4.5.1972 (fl.).
Pancher 698, Ile des Pins (fr.) ; *3499*[1], s.loc (fr.).
Schmid 1843, Lifou, Cap de la Flotte, 21.11.1966 (fl.).

Veillon 6200, leg. *Suprin,* Maré, Eocé, 4.12.1986.
Virot 1040, Ile des Pins, Kuto, 2.3.1943 (fr.).
Webster 18316, Ile des Pins, Kuto, 18.7.1973 (fl., fr.).

3. **Corchorus trilocularis** Linné

Syst. Nat., ed. 12, **2** : 369 (1767) ; Mant. Pl. **1** : 77 (1767) ; DC., Prodr. **1** : 504 (1824) ; MASTERS, Fl. Brit. Ind. **1** : 396 (1874) ; CAPURON, Adansonia, ser. 2, **3** : 121, *tab.* 6 (1963) ; BACKER & BAKH. f., Fl. Java **1** : 390 (1963) ; MACKEE, Pl. Introd. Cult. Nouv.-Caléd. : 130 (1985) ; BOSSER, Fl. Mascar. **54** : 6, *tab. 3* (1987).

Herbe sub-ligneuse dressée, de 50-60(-100) cm de hauteur, parfois un peu étalée ; tige ± ramifiée, généralement brun rouge, garnie de longs poils simples, épars et plutôt raides à très denses et ondulés, suivant 1 ou 2 bandes longitudinales. Stipules étroitement triangulaires-caudées, de 5-12 mm, à arête dorsale et marges ciliées. *Feuilles* espacées de 3-7 cm (à plus de 10 cm du sommet de la tige) ; pétiole grêle, de (0,5-)1-3 cm, hirsute ; limbe ové, généralement étroit, de (2-)3-7,5(-12) × (0,8-)1-3,5 (-4,5) cm, base obtuse, sommet arrondi-subaigu, marges régulièrement serretées-crénelées, la dernière dent basale souvent pourvue d'un appendice ± long, papyracé, garni de poils sétuleux épars à très rares sur les deux faces sauf le long des nervures et des marges à pilosité plus dense, vert ± foncé au-dessus, plus clair en dessous ; 3 nervures basales palmées et 6-10 paires de nervures latérales, très obliques, fines mais visibles sur le sec à la face inférieure.

Inflorescences terminales, secondairement déportées à l'opposé des feuilles le long de la tige, en cymes de 3 fleurs, portées par un pédoncule de 1-2 mm s'élargissant vers le haut (épaissi et atteignant 4 mm de longueur sur le fruit), hirsute ; bractées et bractéoles groupées au sommet du pédoncule, étroitement triangulaires et caudées, longues de 5 mm env., à marges ciliées ; pédicelles de 1-2,5 mm (de 4-6 mm sur le fruit). Boutons ellipsoïdes-obovoïdes, longs de 5 mm env. avant l'anthèse, à côtes très marquées, coiffés par les extrémités libres et divergentes des sépales. Sépales 5, jaune verdâtre, étroitement ovés-oblongs, naviculaires, longs de 6 mm env., à sommet acuminé-rostré, intérieurement glabres, extérieurement pourvus de poils hirsutes, obliques, denses sur la forte carène. Pétales 5, à préfloraison tordue, longs de 8 mm env., à onglet bien marqué de 1 mm, extérieurement garnis de quelques poils tout à la base, intérieurement à poils denses autour de l'onglet. Mince liseré nectarifère à l'aisselle des onglets pétalaires. Androgynophore de 0,3-0,5 mm ; plateau staminifère bordé d'une collerette légèrement lobée. Étamines 40-52(-60), longues de 5-6 mm, cachant le pistil. Pistil de 3-5 mm ;

ovaire oblong et un peu anguleux, couvert de poils sétacés, (3)4 ou 5-loculaire ; style cylindrique, de longueur variable, 0,5-2,5 mm ; stigmate finement fimbrié.

Capsule étroitement cylindrique-siliquiforme, (3)4- ou 5-côtelée, de 4-7 cm de longueur et 2-3 mm de diamètre, brièvement acuminée au sommet, à surface garnie de tubercules portant 3-8 petits poils raides en peigne, bien visibles sur les jeunes fruits, verte puis brun foncé ; déhiscence en (3) 4 ou 5 valves*, présentant intérieurement 2 files de 30-45 alvéoles séminales. Graines ellipsoïdes, de 1 mm env., pendantes, brun foncé. – Pl. **19** p. 121 ; carte p. 122.

TYPE : *Linné 691.2* (LINN).

Cette mauvaise herbe est répandue dans les régions tropicales et sub-tropicales de l'Ancien Monde ; elle est répertoriée dans toute l'Afrique, en Arabie, à la Réunion, à Madagascar, aux Comores, en Inde, en Indonésie et Nouvelle-Calédonie.

Corchorus trilocularis n'est pas fréquent dans notre territoire ; il n'a été trouvé que dans quelques stations de la côte ouest sur la Grande-Terre, dans les terrains vagues, les pâturages ou les cultures.

Les spécimens en fleurs et en fruits ont été récoltés de décembre à juin.

R. CAPURON (*l.c.*) a mis en évidence des caractères permettant une distinction facile des fruits de l'espèce voisine *C. olitorius* L. : capsules coiffées d'un long acumen et garnies de poils insérés isolément ; ajoutons l'orientation oblique des alvéoles séminales et, en ce qui concerne les feuilles, des marges plus finement serretées avec la dernière dent basale plus longuement caudée.

MATÉRIEL ÉTUDIÉ :

Blanchon 271, Boulouparis, Vallée de Ouaméni, 16.7.1963 (fr.).
MacKee 11930, Nouméa, Vallée des Colons, 6.1.1965 (fl., fr.) ; *12311,* ibid., 26.3.1965 (fl., fr.) ; *24792,* Tontouta, Tongouin, 2 m, 30.12.1971 (fl., fr.) ; *28587,* Pouembout, 30 m, 26.4.1974 (fl., fr.) ; *30104,* leg. *Guinaudeau,* Boulouparis, 13.5.1975 (fl., fr.) ; *40315,* leg. *Cherrier,* Poya, Beaupré, 10 m, 14.4.1982 (fr.) ; *41555,* Nouméa, 15.6.1983 (fl., fr.) ; *41847,* Païta, 18.2.1984 (fl., fr.) ; *43495,* leg. *Suprin,* Nouméa, 6.4.1987 (fr.) ; *44247,* leg. *Amice,* Tontouta, Karikaté, 28.12.1988 (fl.) ; *44987,* leg. *Dessert,* Ouaco, 31.5.1990 (fr.).
Toutain 4162, Païta, Port-Laguerre, 25.4.1988, NOU.
Veillon 6457, Moindou, 22.10.1987, NOU.

* Les capsules triloculaires, qui ont donné le nom à l'espèce et qui dans d'autre régions sont communes, n'ont pas été observées dans le matériel néocalédonien.

2. **TRIUMFETTA** Linné

Sp. Pl. : 444 (1753) ; Gen. Pl., ed. 5 : 203 (1754) ; BENTH., Fl. Austr. **1** : 272 (1863) ; K. SCHUM., Planzenfam. **3,** 6 : 28 (1895) ; GAGNEP., Fl. Indoch. **1** : 551 (1911) ; A.C. SMITH, Fl. Vit. Nova **2** : 378 (1981) ; BOSSER, Fl. Mascar. **54** : 8 (1987).
– *Bartramia* L., Sp. Pl. : 389 (1753), *nom. reject.*
– *Porpa* BL., Bijdr. : 117 (1825).
– *Triumphettia* COTHEN., Disp. Veg. Meth. 26 (1790), *orth. var.*
– *Triumphetta* GRIFF., Not. Pl. Asiat. **4** : 512 (1854), *orth. var.*
– *Trionfettia* POST & KUNTZE, Lex. Gen. Phan. : 573 (1903), *orth. var.*

Arbrisseaux ou herbes dures ; indument de poils étoilés et/ou simples. Rameaux à croissance sympodiale. *Feuilles* simples, parfois lobées, à marge dentée.

Inflorescences en cymes, (axillaires ou)* d'abord terminales puis déportées latéralement par développement du bourgeon axillaire ; cymes de 2-6 fleurs soit isolées soit groupées en glomérules ± denses. Sépales 5, à sommet mucroné et ± cucullé. Pétales 5 (parfois manquants), jaunes, membraneux, un peu plus courts que les sépales, à préfloraison imbriquée ou tordue, obovés, à base onguiculée et ± poilue. Androgynophore court, pourvu de 5 glandes oppositipétales, à plateau staminifère bordé d'une fine collerette ciliée. Étamines (5-)13-30(-60), cachant le pistil mais ne dépassant pas les pétales ; filets filiformes ; anthères médifixes, introrses et versatiles. Ovaire échinulé, initialement à 2-5 loges contenant chacune 2 ovules collatéraux en placentation axile, puis par développement de fausses cloisons jusqu'à 10-loculaire avec 1 ovule par loge ; ovules anatropes pendants ; style filiforme, glabre, terminé par un minuscule stigmate 2-5-denté.

Fruit sec indéhiscent (ou déhiscent), sub-globuleux, hérissé de longues épines (ou tubercules). Graines, 1 ou 2 par loge, ovoïdes, à extrémité micropylaire pointue, à testa crustacé, glabre ; embryon droit, albumen réduit.

TYPE : *Triumfetta lappula* L.

Ce genre pantropical et sub-tropical comprend plus de 100 espèces. Il est surtout représenté par des plantes rudérales, adventices des cultures ; les longues épines des fruits facilitent la dissémination par l'homme et les animaux. Les fibres de l'écorce sont parfois utilisées comme textile.

---

* Caractères, entre parenthèses dans cette description, non observés dans le genre en Nouvelle-Calédonie.

En Nouvelle-Calédonie on trouve 2 espèces, l'une pantropicale, l'autre répandue sur les rivages sablonneux de l'Océan indien et du Pacifique, des Seychelles à la Polynésie.

CLÉ DES ESPÈCES

1. Sous-arbrisseau rampant ; feuilles toutes largement ovées-suborbiculaires, à limbe ne dépassant pas 5 cm de longueur, à sommet obtus-arrondi, à pétiole souvent plus long que le limbe. Fleurs à pétales de 6,5-9 mm, à sépales n'englobant pas les anthères dans le bouton. Fruits de 10-18 mm de diamètre, à épines pubescentes . . . . 1. *T. procumbens*

1'. Herbe sub-ligneuse ou sous-arbrisseau dressé ; feuilles de taille et forme variables, à limbe étroitement elliptique à suborbiculaire, atteignant 12 cm de longueur, à sommet aigu à acuminé, à pétiole ne dépassant pas la 1/2 de la longueur du limbe. Fleurs petites, à pétales de moins de 4 mm, à sépales encapuchonnant les étamines dans le bouton. Fruits de 4-6 mm de diamètre, à épines glabres. . . . . 2. *T. rhomboidea*

1. **Triumfetta procumbens** G. Forster

Fl. Ins. Austr. : 35 (1786) ; HOOK. & ARN., Bot. Beechey Voy. : 60 (1832) ; HEMSLEY, J. Bot. **28** : 2, *tab. 293* (1890) ; DRAKE, Ill. Fl. Ins. Mar. Pac. *tab. 124* (1890) ; YUNCK., Bernice P. Bishop Mus. Bull. **220** : 180 (1959) ; A.C. SMITH, Fl. Vit. Nova **2** : 379 (1981) ; BOSSER, Fl. Mascar. **54** : 9, *tab. 4* (1987).

– *T. fabreana* GAUDICH., Voy. Uranie : 478, *tab. 102* (1829). – Type : *Gaudichaud s.n.*, Iles Mariannes, Uranie 1817-20 (P!).

Sous-arbrisseau vivace, à tiges prostrées et radicantes, atteignant 10 m de longueur, rougeâtres-grisâtres, à dense revêtement de poils étoilés. Stipules étroitement triangulaires, de 2-5 mm, dorsalement garnies de poils étoilés. *Feuilles* à pétiole grêle, de 1,5-6 cm, souvent de même longueur que le limbe, parfois plus long ; limbe largement ové-suborbiculaire et présentant souvent 3 lobes arrondis, parfois cordiforme, de 2-5 × 2-6 cm, base tronquée à cordée, sommet obtus-arrondi, marges crénelées-dentées, papyracé à sub-coriace, face supérieure vert brillant, garnie de poils étoilés devenant épars, face inférieure plus claire, à revêtement continu de poils étoilés très denses ; 5-7 nervures basales, un peu saillantes en dessous, nervures latérales et nervilles peu visibles.

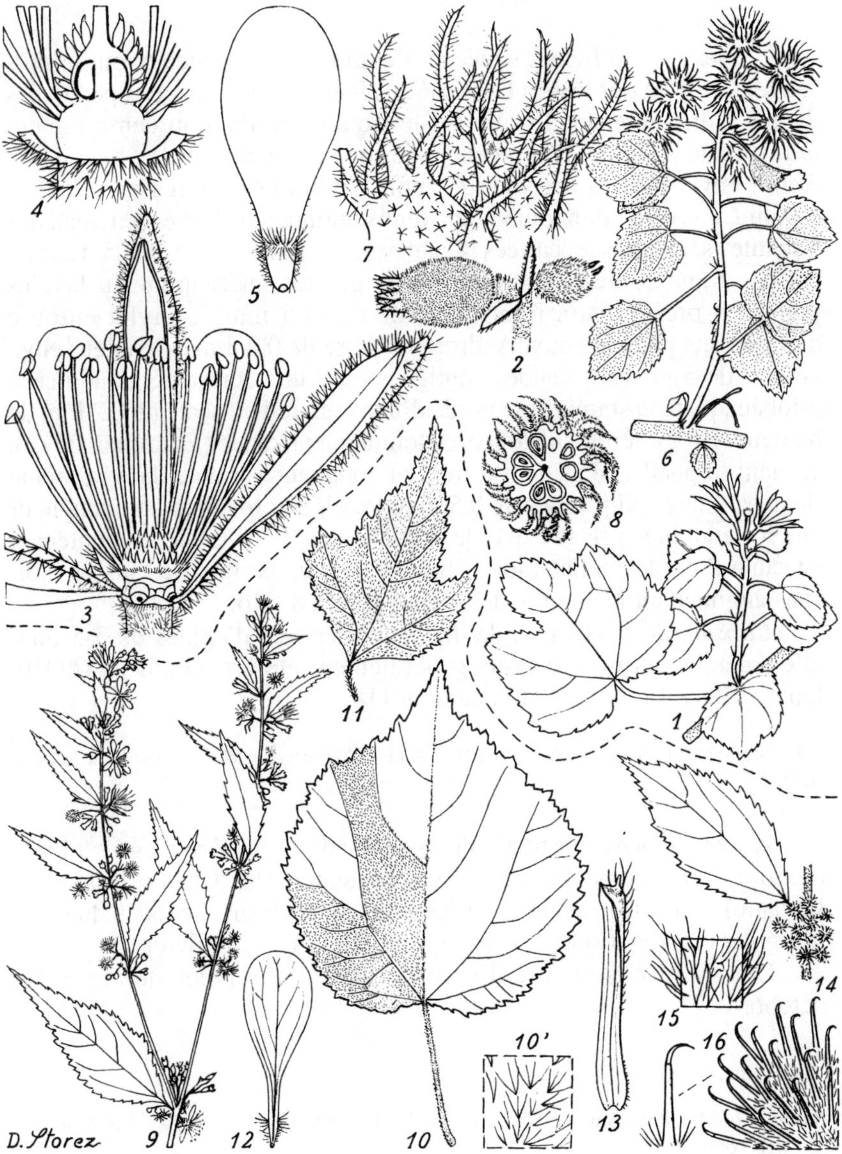

PL. 20. – **Triumfetta procumbens** G. Forster : **1**, rameau florifère × 2/3 ; **2**, boutons × 2,5 ; **3**, fleur, 2 sépales et 3 pétales enlevés × 4 ; **4**, androgynophore et ovaire, coupe longit. × 8 ; **5**, pétale, face int. × 5 ; **6**, rameau fructifère × 2/3 ; **7**, détail de l'ornementation du fruit × 4 ; **8**, fruit, coupe transv. × 1 *(MacKee 22808)*. – **T. rhomboidea** Jacq. : **9**, rameau florifère × 2/3 ; **10**, feuille de la partie moyenne × 2/3 ; **10'**, pilosité foliaire, face sup., détail ; **11**, feuille trilobée × 2/3 ; **12**, pétale, face int. × 6 ; **13**, sépale cuculé × 6 ; **14**, glomérule de fruits × 2/3 ; **15**, pilosité de la tige, détail ; **16**, épines du fruit × 6 (9, 12, 13, *MacKee 30054* ; 10,10', *MacKee 11449* ; 11, *MacKee 43101* ; 14-16, *MacKee 12018*).

Cymes de 3-6 fleurs, situées à l'extrémité des rameaux ou, le plus souvent, le long des tiges à l'opposé des feuilles ; pédoncule et pédicelles de 2-5 mm, atteignant 10 mm sur le fruit, couverts d'un dense tomentum ; bractées 3-6, très rapprochées au sommet du pédoncule, longues de 3 mm env., garnies de quelques poils. Boutons oblongs-ovoïdes, de 7-9 mm, couverts d'un tomentum étoilé continu, plus lâche au niveau des 5 pointes sépalaires ± écartées. Sépales oblongs-linéaires, de 7,5-12 mm, coiffés d'une corne pointue de 1 mm, glabres intérieurement. Pétales jaunes, à préfloraison imbriquée, de 6,5-9,5 mm, à onglet entouré d'abondants poils laineux. Androgynophore de 0,2 mm de hauteur env., pourvu de 5 grosses glandes contiguës ou d'une couronne glanduleuse 5-lobée ; plateau staminifère bordé d'une collerette discale de 0,2 mm de hauteur, irrégulièrement lobée et longuement ciliée. Étamines 25-30, cachant le pistil ; filets de 5-8 mm, de longueur variable dans la même fleur ; anthères ellipsoïdes de 0,5 mm. Pistil, environ de même longueur que les étamines ; ovaire ovoïde, initialement à 3-4 (5) loges contenant chacune 2 ovules collatéraux, généralement apparition de fausses cloisons augmentant le nombre des loges jusqu'à 8 (10).

Capsule de 10-18 mm de diamètre, hérissée d'épines de 3-5 mm, elles-mêmes garnies de poils généralement étoilés. Graines 2-6(10), longues de 3-4 mm. – Pl. **20** ; carte p. 118.

LECTOTYPE (proposé par A.C. SMITH, 1981) : *G. Forster « 204 »*, Iles de la Société (BM).

T. procumbens fait partie de la végétation d'arrière-plage sableuse des îlots coralliens (Récifs d'Entrecasteaux, Iles Chesterfield, Iles Loyauté) ; on le trouve aussi sur les côtes non calcaires mais où du sable d'origine madréporique a pu se déposer (Nouméa, Iles Bélep).

Les floraisons et fructifications ont été observées de mai à fin octobre.

MATÉRIEL ÉTUDIÉ :

Balansa 1804, Lifou, Baie de Chateaubriand, 14.7.1869 (fl., fr.) ; *1804a,* Ilot Mamère, 14.10.1869 (fr.).

Baumann 7368, Ile Pot, 20.6.1950 (fr.) ; *13402,* Ile des Pins, Ilot Toméré, 25.5.1951 (fl., fr.) ; *14793,* Maré, Patho, 18.7.1951.

Blanchon 416, Ile Surprise, 14.9.1963.

Bourret 781, Ouvéa, Lékine, 13.5.1976, NOU ; *1112,* Lifou, Inagod, 10.6.1977 (fl) NOU.

Cribs 1490, Port Boisé, sept. 1903 (fl. fr.).

Denizot s.n., Ile des Pins, 19.8.1961 (fl., fr.).

Deplanche 64, Lifou (fl., fr.) ; 426, s.loc. (fl., fr.).

Gervais s.n., Ilot Hienghène (fl.).

Godefroy 54 (Herb. d'Alleizette), Nouméa, 1910 (fl., fr.).
Le Rat 520, Nouméa (fr.) ; *7872*, s.loc. (fl.).
MacKee 5227, Lifou, Chépénéhé, 9.9.1956 (fl., fr.) ; *13062*, Ile des Pins, Presqu'île d'Oro, 17.7.1965 (fl., fr.) ; *19451*, Ile Art, Mandélane, 31.8.1968 (fr.) ; *19456*, leg. *Corbasson,* Ile des Pins, Oro, 3.9.1968 (fl., fr.) ; *15955,* leg. *Rolland,* Ile Surprise, 14.11.1966 ; *22808*, Kuébini, Ile Nou, 29.10.1970 (fl., fr.) ; *25465*, Maré, Médu, 4.5.1972 (fl.) ; *27285*, Lifou, We, 2.9.1973 (fl., fr.) ; *31443*, leg. *Boulet,* Ile Surprise, 24.6.1976 (fl.) ; *31750*, Hienghène, Ilot Hienga, 20.8.1976 (fl., fr.) ; *34029, 34031*, leg. *Kusser,* Chesterfield, Ilot Longue, 4.10.1977 (fl., fr.) ; *35644*, leg. *Cherrier,* Poindimié, Ilot Bayes, 29.8.1978 (fr.) ; *45908*, Ile Tiga, 6.7.1992 (fl., fr.).
Morat 7804, Iles Chesterfield, août 1984 (fl.).
Pancher s.n., s.loc. (fr.).
Rotereau 858, Nouméa (fl., fr.).
Veillon 6212, leg. *Suprin,* Maré, Ekuré, 9.12.1986.
Vieillard 157, Balade, 1855-60 (fl., fr.) ; *157*, Wagap, Touho, 1861-67 (fl., fr.).
Virot 771, Ilot Hienghène, août 1942 (fl., fr.).

2. **Triumfetta rhomboidea** Jacquin

Enum. Pl. Carib. : 22 (1760) ; Select. Stirp. Amer. Hist. : 147, *tab. 90* (1763) ; DC., Prodr. **1** : 507 (1824) ; MASTERS, Fl. Brit. Ind. **1** : 395 (1874) ; MARTIUS, Fl. Bras. **12** : 132, *tab. 27* (1878) ; K. SCHUM., Planzenfam. **3** 6 : 29, *tab. 13* (1895) ; GAGNEP., Fl. Indo-ch. **1** : 523 (1911) ; J.W. PARHAM, Dept. Agr. Fidji Bull. **35** : 62, *tab. 24* (1959) ; BAKER & BAKH., Fl. Java **1** : 395 (1963) ; MACKEE, Pl. Introd. Cult. Nouv.-Caléd. : 130 (1985) ; A.C. SMITH, Fl.Vit. Nova **2** : 366 (1981) ; BOSSER, Fl. Mascar. **54** : 10 (1987).

– *Bartramia indica* L., Sp. Pl : 389 (1753). – Lectotype (désigné par FAWCETT & RENDLE, 1921) : *Herb. Hermann,* vol. **1** : 44, Ceylan (BM).
– *Triumfetta bartramia* L., Syst. Nat., ed. 10, **2** : 1044 (1759), *nom. illeg.* ; FAWCETT & RENDLE, J. Bot. **59** : 224 (1921) ; Fl. Jamaica **5** : 81 (1926). – Type de *Bartramia indica.*
– *T. indica* LAM., Encycl. **3** : 420 (1792). – Type : *Sonnerat s.n.* (holo-, P-LA !).
– *T. glandulosa* LAM., *l.c.* : 421 (1792). – Type : *Anonyme s.n.*, Maurice (holo-, P-LA !).
– *T. angulata* LAM., *l.c.* : 421 (1792). – Type : *Sonnerat s.n.,* Maurice, (holo-, P-LA !).
– *T. trilocularis* ROXB. ex HORNEM., Hort. Bot. Hafn. Suppl. : 140 (1819) ; MABB., Taxon **33** (3) : 438 (1984).
– *T. micropetala* LINDL., Bot. Register **13**, *tab. 1058* (1827).
– *T. canacorum* GAND., Bull. Soc. Bot. France **60** : 457 (1913) ; *syn.nov.* – Type : *Franc 571,* l'Ermitage (holo-, LY † ; iso P !).

Herbe ligneuse ou sous-arbrisseau dressé atteignant 2 m de hauteur ; tiges brun rouge, garnies de poils étoilés, souvent très denses sur les extrémités ; robuste racine pivotante. Stipules étroitement triangulaires, de 4-7 mm, bordées de longues soies. *Feuilles* de forme et taille variables : généralement dans la partie moyenne et inférieure de la tige, limbe largement ové-suborbiculaire, parfois à 3 lobes aigus au sommet, de 3-12 (-13) × 2,5-9 (-11) cm, à pétiole atteignant la 1/2 de la longueur du limbe ; vers le haut de la tige, dans et sous la partie florifère, limbe elliptique de plus en plus petit, à pétiole très court, depuis 2 mm ; sommet aigu-acuminé, base aiguë à arrondie, parfois à peine cordée, marges irrégulièrement dentées-crénelées, les dents basales ou celles des feuilles bractéiformes étant parfois glanduleuses, papyracé, face supérieure vert ± foncé garnie de poils simples et/ou étoilés, face inférieure plus claire, parfois grisâtre, à revêtement de poils étoilés ± dense ; 3-5 nervures basales et 2-3(-5) paires de nervures latérales, généralement indiscernables dessus, mais un peu saillantes dessous.

Cymules groupées en glomérules ± espacés sur les extrémités à feuilles de plus en plus petites, l'ensemble formant une inflorescence spiciforme feuillée, longue de 10-30 (-40) cm ; pédoncules et pédicelles de 2-6 mm ; étroites bractées de 2-3 mm, garnies de longues soies. Boutons cylindriques, de 4,5 × 2 mm avant l'anthèse, dilatés dans la partie supérieure, à sépales fortement cucullés et englobant les anthères, garnis de poils étoilés assez denses. Fleurs très petites, à sépales oblongs, de 4-5 mm, pourvus d'un mucron sub-terminal, glabres intérieurement. Pétales jaunes, à préfloraison tordue, étroitement obovés, un peu plus courts que les sépales, atténués à la base en un onglet cilié. Androgynophore de 0,1 mm, pourvu de 5 glandes circulaires, non contiguës ; fine collerette ciliée bordant le plateau staminifère. Étamines (13-)15, longues de 3,5 mm env. ; anthères oblongues-elliptiques de 0,3 mm. Pistil de 3 mm env. ; ovaire ovoïde de 0,8 mm, biloculaire, plus généralement 3- ou 4-loculaire après apparition des fausses cloisons, contenant 4 ovules ; stigmate à 2 petites pointes.

Capsule de 4-6 mm de diamètre, couverte de poils tomenteux et d'épines linéaires de 1-2 mm, glabres et terminées par un aiguillon translucide recourbé. Graines (3) 4, de 2-3 mm. – Pl. **20** p. 127.

NÉOTYPE (désigné ici) : *tab. 90,* JACQUIN, Select. Stirp. Amer. Hist. (1763).

Aucun spécimen de JACQUIN, accompagné de la détermination spécifique *rhomboidea* ou *bartramia* n'ayant été retrouvé, nous proposons cette illustration d'une plante récoltée à la Martinique pour typifier l'espèce.

Cette mauvaise herbe pantropicale se rencontre près de tous les lieux habités, dans les terrains vagues, les cultures, le long des chemins, dans les zones défrichées ou reboisées, de 0 à 600 m d'altitude.

Triumfetta rhomboidea fleurit et fructifie de janvier à septembre, avec un maximum en avril-juin.

T. canacorum avait été distingué sur les caractères foliaires ; ces derniers étant extrêmement variables, l'espèce a été mise en synonymie.

MATÉRIEL ÉTUDIÉ :

Balansa 527, Nouméa, sept. 1868 (fr.) ; *3605*, ibid., mai1872 (fr.).
Baudouin 316, Port de France (Nouméa), (fl., fr.).
Baumann 5022, Col de Plum, 23.7.1950 (fr.) ; *5153*, Nouméa, Anse Vata (fl., fr.) ; *5276,* Mt Mou, 10.8.1950 (fr.) ; *13475*, Ile des Pins, Kuto, 26.5.1951 (fr.) ; *13917,* ibid., Vao, 2.6.1951 (fr.).
Bourret 520, Koné, Netchaot, 18.9.1975 (fl.) NOU.
Cribs 643, Nouméa, mai 1900 (fl.) ; *644,* ibid., juin 1900 (fl., fr.).
Däniker 1532, Ile Mouac, 30.3.1925 (fl.).
Denizot s.n., Nouméa, Anse Vata (fr.).
Franc 571, Nouméa, 2.5.1909 (fl., fr.) ; *571 bis*, Prony, janv. 1914 (fl.) ; *571 ter*, Ouen Toro, 4.6.1928 (fl., fr.).
Gaillard 5, Hienghène, juin.
Guillaumin 8559, La Foa, 23.9.1950 (fl., fr.).
Guillaumin & Baumann 7571, Oui Pouen, 3.9.1950 (fl., fr.).
Le Rat 1619, Nouméa (fl., fr.) ; *2678*, Dumbéa, juin 1906 (fl.).
MacDaniels 2033, La Foa, 11.5.1949 (fl., fr.).
MacKee 2422, Ouen Toro, 21.4.1955 (fl., fr.) ; *11449*, Canala, 25.4.1964 (fl., fr.) ; *12018,* Col d'Amieu, 20.1.1965 (fl., fr.) ; *19367*, Ile Pott, 29.8.1968 (fl., fr.) ; *28507*, Nouméa, 16.4.1974 (fl.) ; *28511*, Païta, 21.4.1974 (fl., fr.) ; *30054*, Vallée de Pouembout, 100 m, 11.4.1975 (fl.) ; *43101*, leg. *Cherrier*, Plateau de Tango, 400 m, 22.4.1986 (fl.).
McPherson 3760, Koumac, 30.4.1981 (fl.).
Toutain 3453, 3456, Dumbéa, 19.5.1982 (fl.).
Pancher s.n., Nouméa (fl., fr.).
Schlechter 15641, Ou-Hinna, 100 m, 5.1.1903 (fr.).
Suprin 539, Dumbéa, 24.4.1980 (fl., fr.).
Veillon 7105, Nakutakoin, Pic Jacob, 352 m, 1.8.1989 (fl., fr.).
Vieillard 156, Balade (fl., fr.) ; *156*, leg. *Deplanche*, s.loc. (fl., fr.).

3. **GREWIA** Linné

Sp. Pl. : 964 (1753) ; SEEM., Fl. Vit. : 26 (1865) ; GAGNEPAIN, Fl. Indoch. **1** : 531 (1911) ; BURRET, Notizbl. Bot. Gart. Berlin **9** : 632 (1926) ; BACKER & BAKH. f., Fl. Java **1** : 392 (1963) ; CAPURON, Adansonia, ser. 2, **4** : 269 (1964) ; A.C. SMITH, Fl. Vit. Nova **2** : 374 (1981).
– *Mallococca* J.R. & G. FORST., Gen. Pl., *tab. 39* (1775).

Arbustes (arbres ou lianes)* ; indument de poils étoilés. Stipules entières (ou divisées). *Feuilles* simples, à marge dentée (ou entière).

Inflorescences axillaires (ou terminales) en cymes isolées ou fasciculées (ou en panicules). Fleurs ⚥ (rarement unisexuées), 5-mères, rarement 6-mères. Sépales, dorsalement couverts de poils. Pétales, blancs, jaunes (ou roses), généralement nettement plus courts que les sépales, à

* Caractères, entre parenthèses dans cette description, non observés dans le genre en Nouvelle-Calédonie.

préfloraison valvaire ou légèrement tordue, souvent renflés intérieurement en une écaille bordée de poils et pourvus d'une plage nectarifère à la base. Androgynophore ± développé, à plateau staminifère velu. Étamines nombreuses, à longs filets filiformes ; anthères médifixes, introrses, versatiles et arquées. Ovaire pubescent, constitué par (1)2 carpelles ; (1-2-)4 loges par formation d'une fausse cloison ; 2(-12) ovules par loge, en placentation axile ; style linéaire, glabre ; stigmate bien développé, lobé-denté (fimbrié ou capité).

Fruit schizocarpique, drupacé, 1-4-lobé ; 4 noyaux durs ou pyrènes, se réduisant à 3-1 par avortement ; mésocarpe charnu (ou fibreux). Graine 1(-4) par pyrène, glabre.

TYPE : *Grewia occidentalis* L.

Ce genre, le plus important de la famille, comprend 150 espèces environ, distribuées surtout en Afrique et à Madagascar, mais aussi en Asie, en Indo-Malaisie et en Océanie. En Nouvelle-Calédonie, on ne trouve qu'une seule espèce.

Grewia crenata (J.R. & G. Forster) Schinz & Guillaumin

In SARASIN & ROUX, Nova Caledonia Bot. : 179 (1921) ; BURRET, Notizbl. Bot. Gart. Berlin **9** : 668 (1926) ; YUNCK., Bernice P. Bishop Mus. Bull. **220** : 179 (1959) ; A.C. SMITH, Fl. Vit. Nova **2** : 374 (1981).

- *Mallococca crenata* J.R. & G. FORST., Char. Gen. Pl. : 39, *tab. 39* (1775) ; ed. 2 : 78 (1776).
- *Grewia mallococca* L. f., Suppl. Pl. : 409 (1782), *nom. illeg.* ; A. GRAY, U.S. Expl. Exped. Phan. **1** : 197 (1854) ; SEEM., Fl. Vit. : 26 (1865) ; GUILLAUMIN, J. Arnold Arb. **12** : 231 (1931).
- *G. persicaefolia* A. GRAY, *l.c.* : 198 (1854) ; SEEM., *l.c.* (1865). – Type : *US. Expl. Exped.*, Fidji, Ovalau, 1840 (iso-, GH, K).
- *G. prunifolia* A. GRAY, *l.c.* : 199 (1854) ; SEEM., *l.c.* (1865) ; BURRET, Notizbl. Bot. Gart. Berlin **9** : 727 (1926). – Type : *US. Expl. Exped.*, Fidji, Ovalau and Muthuata, 1840 (holo-, *13263* US ; iso-, GH, K).
- *G. novocaledonica* BURRET, *l.c.* : 682 (1926). – Type : *Le Rat 590* (B†).

Arbuste ± buissonnant de 1-3 m, rarement arbre de 6 m env. (-12 m aux Fidji et à Tahiti). Rameaux grêles, brun grisâtre à gris noirâtre, garnis de poils étoilés (de 0,5-1 mm, non stipités, à 2-6 branches) très denses sur les extrémités. Stipules étroitement triangulaires, de 3-8 mm, vite caduques. *Feuilles* distiques ; pétiole grêle, de 5-15 mm, garni de poils étoilés, ± apprimés, denses à épars ; limbe ové-lancéolé ou elliptique, de (2-)5-14 × 1,5-7,5 cm, base arrondie à sub-cordée, sommet aigu-acuminé, marge dentelée-crénelée, papyracé, vert foncé brillant dessus, plus clair dessous, lâchement garni de poils étoilés ou glabre sur les deux faces ; nervation peu visible dessus, finement saillante dessous, comprenant 3 nervures basales et 4-6 (7) paires de nervures latérales.

Inflorescences formées de 1-3 cymes, le plus souvent réduites à une seule fleur dont le pédicelle de 3-15 mm s'articule avec un pédoncule de même longueur, parfois plus court, rarement plus long ; groupées au sommet du pédoncule, 3 bractées ovées, ± étroites, longues de 2-5 mm. Boutons elliptiques-ovés, de 6 mm env. avant l'anthèse, à dense revêtement de poils gris jaunâtre, à bordures sépalaires saillantes. Sépales 5 ou 6, oblongs-linéaires, de 9-13 mm, carénés, intérieurement glabres et blancs, extérieurement verts, parfois rougeâtres, à sommet et marges épaissis et veloutés. Pétales 5 ou 6, blancs ou jaune pâle, ovés-elliptiques, longs de 3 mm env., à sommet émarginé, fortement épaissis intérieurement en une écaille bordée de poils très denses et pourvue de papilles glanduleuses dans la moitié inférieure. Androgynophore haut de 1 mm env. ; plateau staminifère un peu bombé, à bords lobés, hérissé de touffes de poils. Étamines un peu plus de 50 ; filets inégaux de 4-8 mm, rétrécis aux deux extrémités ; anthères à peine arquées. Pistil de 6-8 mm, vert ; ovaire à 4 loges 1-ovulées ; style de 5-7 mm ; stigmate à 5-6 branches étalées, inégales, crénelées à l'extrémité.

Fruit vert puis noir à maturité ; 2 méricarpes à 2 nucules ou pyrènes chacun, mais l'avortement étant fréquent, nombreux fruits à 3-1 pyrènes ; nucule de 5 mm de diamètre env., à surface irrégulière, entourée d'une mince couche de pulpe. Graine 1 par pyrène, ovoïde ; albumen abondant. – Pl. **21** p. 139.

LECTOTYPE (désigné par A.C. SMITH, 1981) : *J.R. & G. Forster s.n.*, Tahiti (BM).

G. crenata est répandu dans les îles du Pacifique, de la Nouvelle-Calédonie à la Polynésie. En Nouvelle-Calédonie, c'est un arbuste fréquent près du littoral, sur sol sablonneux ou rocheux d'origine madréporique (côte ouest, Ile des Pins, Loyauté) ; on le trouve jusqu'à 250 m d'altitude sur les roches calcaires de l'intérieur.

Les floraisons et fructifications se produisent tout au long de l'année.

C'est sur un échantillon récolté en 1903 par LE RAT, à l'Anse Vata (Nouméa) que BURRET a établi *G. novocaledonica* ; ce spécimen, envoyé en prêt à Berlin, a probablement été détruit. BURRET reconnaissait l'espèce à partir de deux critères : la taille réduite des feuilles (limbe ne dépassant pas 4 cm de longueur, pétiole de 5 mm) et les inflorescences

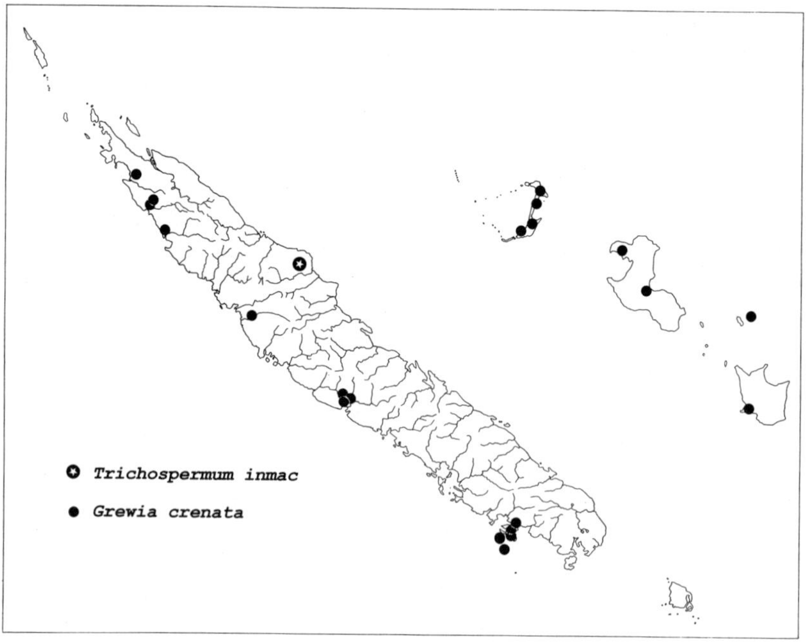

uniflores, solitaires. Dans les collections de Paris, quelques échantillons (*Baudouin 253, Vieillard 158*, Port de France) correspondent à la description (à l'exception de quelques fleurs groupées par 2 à l'aisselle de la même feuille) ; cependant, étant donnée l'amplitude de la variation des caractères observée sur l'ensemble des récoltes et même sur un seul spécimen, il ne nous semble pas opportun de distinguer une espèce, ni même une variété.

MATÉRIEL ÉTUDIÉ :

Balansa 449, Nouméa, sept. 1868 (fr.) ; *1270,* Bourail, 21.3.1869 (fl.) ; *1270a*, Ilot Siandé, 14.3.1869 (fl.).
Barrau 20, Nouméa, 21.6.1948 (fl.).
Baudouin 242, Port de France (Nouméa), (fr.) ; *255*, ibid. (fl., fr.) ; *s.n.,* s.loc., 1868 (fl., fr.).
Baumann 5056, Ilot Maître, 29.7.1950 (fr.) ; *14547*, Maré, Tadine, 12.7.1951 (fr.).
Bourret 761, Ouvéa, Gossanat, 11.5.1976, NOU ; *1212*, Lifou, Doking, 14.6.1977, NOU.
Brousmiche 122, Nouméa, Anse Vata (bout., fr.).
Catala 4, Ilot Signal, avr. 1948 (fl.).
Däniker 1018, Bourail, 10.1.1925 (fr.) ; *1018a*, Riv. Nomatsch, 4.4.1925 (fr.) ; *1351,* Koumac, Ile de La Table, 5.3.1925 (fl., fr.).
Deplanche 423, s.loc., 1861 (fl., fr.).
Germain s.n., Ile des Pins, 1874-76 (fl., fr.).
Guillaumin & Hürlimann 708, Ilot Maître, 23.1.1951 (bout.).

Le Rat 89, Nouméa, Ouen Toro, juin 1902 (fl.) ; 2103, ibid., Mt Coffin (fr.).
MacKee 2438, Nouméa, Base du Ouen Toro, 30.4.1955 (fl., fr.) ; *12419,* ibid., Parc Montravel, 50 m, 14.4.1945 (fl., fr.) ; *16234,* leg. *Déméné,* ibid., Magenta, 5.1.1967 (fl.) ; *18896,* Ouvéa, Wakat, 9.6.1968 (fr.) ; *25108,* Koumac, Tchabel, 3.3.1972 (fl., fr.) ; *25245,* SE Corne de Koumac, 250 m (fl., fr) ; *26507,* Gomen, 250 m, 26.3.1973 (fr.) ; *26979,* Nouméa, Baie Tina, 24.7.1973 (fr.) ; *27087,* Vallée de Pouembout, 100 m, 1.8.1973 (fl.) ; *28229,* Lifou, Nathalo, 50-80 m, 20.2.1974 (fl., fr.) ; *42146,* Bourail, Ilot Vert, 17.8.1984 (fr.) ; *45910,* Ile Tiga, 6.7.1992 (fr.).
McPherson 4779, Le Cresson, 2.8.1982 (fr.).
Morat 7741, Maré, Trou Léon (Lion), mars 1984, NOU.
Pancher 697, s. loc., 1860 (fl., fr.) ; *s.n.,* Calédonie et Ile des Pins (bout.) ; *s.n.,* s. loc. (fr.).
Schmid 1082, Lifou, Wé, 9.2.1966 (fl., fr.) ; *2257,* Maré, Cap Wabao, 7.7.1967 (fr.) ; *2364,* Ouvéa, Ouloup, 31.8.1967, NOU.
Vieillard 158, Port de France (Nouméa), 1855-60 (fl., fr.) ; *159,* Balade, 1855-60 (fl., fr.) ; *158, 159,* Gatope, 1861-67 (bout., fr.).
Virot 1127, Base Ouen Toro, 23.7.1943 (fr.) ; *1174,* Port Despointes, 25.7.1943 (fr.) ; *1502,* ibid., 10.2.1945 (fl., fr.) ; *1529,* ibid., 20.3.1945 (fl., fr.).

4. TRICHOSPERMUM Blume

Bijdr. : 56 (1825) ; BAILL., Hist. Pl. **4** : 194 (1873) ; BURRET, Notizbl. Bot. Gart. Berlin **9** : 846 (1926) ; KOSTERM., Reinwardtia **6** : 277 (1962) ; Proc. Bot. Soc. Edinburgh **41** : 401 (1972) ; A.C. SMITH, Fl. Vit. Nova **2** : 368 (1981).
- *Eroteum* BLANCO, Fl. Filipi : 440 (1837).
- *Belotia* A. RICHARD *in* C. d'ORB., Dict. Univ. Hist. Nat. **2** : 539 (1842) ; BENTH. *in* BENTH. & HOOK. f., Gen. Pl. **1** : 233 (1862), *excl. syn. Adenodiscus* ; K. SCHUM., Nat. Planzenfam. **3**, 6 : 28 (1890) ; SPRAGUE, Kew Bull. : 270 (1921).
- *Diclidocarpus* A. GRAY, Proc. Amer. Acad. Arts **3** : 48 (1853) ; U.S. Expl. Exped. **1** : 200, *tab. 14* (1854).
- *Graeffea* SEEM., J. Bot. **2** : 71 (1864), *nom. nud.* ; Fl. Vit. : 27 (1865).
- *Bixagrewia* KURZ, J. Bot. **13** : 325, *tab. 160* (1875).
- *Althoffia* K. SCHUM., Bot. Jahrb. Syst. **9** : 209 (1887).
- *Halconia* MERR., Philipp. J. Sci. **2** : 281 (1907).

Arbres de (3-) 8-20 (-33) m ; indument de poils étoilés ou écailleux, parfois mêlés à de longs poils simples. Rameaux ± en zig-zag, à croissance sympodiale. Stipules généralement bien développées, souvent connées et persistantes, parfois plus réduites et caduques. *Feuilles* alternes et distiques, simples, le limbe présentant à la base, de chaque côté du pétiole, une zone glanduleuse ± épaissie (parfois sous forme de 2 excroissances enroulées ou ± en creux), à marge généralement finement serretée (mucrons glanduleux de 0,1-0,5 mm) ; 3-5 (-7) nervures basales et 5-7 paires de nervures secondaires, reliées entre elles par des échelles de nervures tertiaires parallèles.

Inflorescences échelonnées sur les extrémités, l'ensemble formant parfois une panicule feuillée ; à l'aisselle d'une feuille, inflorescence pédonculée en grappes de cymes bi- ou multipares ombelliformes ; bractées et bractéoles parfois groupées en involucre ou involucelle, parfois connées et persistantes, ou réduites et caduques. Fleurs ⚥ ou unisexuées (fleur ♂ avec pistillode, fleur ♀ avec étamines stériles), blanches, plus souvent bleues, violettes ou pourpre foncé. Sépales 5, valvaires, épais. Pétales 5, imbriqués, membraneux, généralement un peu plus courts que les sépales, à base nectarifère épaissie et bordée de longs poils denses, à sommet parfois échancré. Étamines nombreuses, insérées sur le réceptacle conique ou au sommet d'un androgynophore à bord crénelé et densément pileux ; filets filiformes, très inégaux ; anthères médifixes, introrses et versatiles. Ovaire à dense revêtement pileux, le plus souvent 2-loculaire avec 16-50 ovules en placentation axile, parfois à 1 seule loge avec 2 placentas pariétaux fortement intrusifs (± accolés au centre dans le fruit), ou encore à 3 (-6) loges ; ovules régulièrement disposés sur 2 rangs dans les ovaires pauci-ovulés, ovules également bisériés mais ± emboités les uns dans les autres avec les funicules orientés alternativement à droite et à gauche dans les ovaires multi-ovulés ; style trapu, divisé en 2-5 branches ou lobes stigmatiques.

Fruit : capsule généralement (espèces à ovaire 1-2-loculaire) fortement comprimée perpendiculairement à la cloison de séparation des loges ou aux placentas, souvent bordée de 2 ailes latérales sur les 2/3 supérieurs ; ouverture loculicide en 2(-6) valves minces. Graines nombreuses, aplaties, longuement ciliées sur les bords.

TYPE : *Trichospermum javanicum* Bl.

Ce genre comprend une quarantaine d'espèces distribuées en Amérique centrale (3 espèces env.), en Malaisie, en Mélanésie (maximum d'espèces en Nouvelle-Guinée) et jusqu'à Samoa. En Nouvelle-Calédonie, on ne trouve qu'une seule espèce, également distribuée dans l'île du Vanuatu la plus proche.

Trichospermum inmac (Guillaumin) Burret

Notizbl. Bot. Gart. Berlin **13** : 245 (1936) ; KOSTERM., Proc. Bot. Soc. Edinburgh **41** : 406, 411 (1972).
– *Grewia inmac* GUILLAUMIN, J. Arnold Arbor. **12** : 231 (1931).

Arbre élancé, haut de 8-15 m, à tronc de 20-30 cm de diamètre (atteignant 60 cm au Vanuatu) ; écorce gris blanchâtre, lisse ; branches plagiotropes. Rameaux glabres, de section cylindrique. Stipules oblongues, de 8 mm env., tôt caduques, présentes seulement au niveau du bourgeon terminal. *Feuilles* à pétiole de 1-1,8 cm, mince, cylindrique, garni de poils écailleux épars ; limbe oblong-elliptique ou ové-elliptique, de 10-18 × 5-9,5 cm, sommet arrondi terminé par un acumen pointu assez brusque de 0,5-1 cm, base obtuse à arrondie, souvent un peu dissymétrique et à 2 plages glanduleuses peu développées, brillant, vert ± foncé au-dessus, plus clair en dessous, face supérieure glabrescente (poils écailleux épars et rares poils simples sur les nervures), face inférieure garnie de 3 types de poils : poils écailleux minuscules, de moins de 0,1 mm de diamètre, assez denses sur les jeunes feuilles, disparaissant sur les feuilles adultes – poils écailleux atteignant 0,3 mm de diamètre, épars, persistant sur les nervures – poils étoilés non stipités, de 0,4 mm env. à branches très fines, situés à l'aisselle des nervures secondaires ; 3 nervures basales dont 2 latérales relativement fines, nervation se détachant en blanc sur le frais, plane au-dessus, un peu saillante en dessous.

Inflorescences axillaires, longues de 5-12 (-17) cm, présentant (2)3 niveaux de ramifications généralement en 3 branches, le dernier organisé en cymes bipares ; axes principaux glabres ou presque ; bractées et bractéoles très tôt caduques ; pédicelles de 5-8 mm, atteignant 18 mm sur le fruit, couverts de poils écailleux très denses. Boutons globuleux-ellipsoïdes, longs de 8 mm env. avant l'anthèse, à revêtement continu et ras de poils écailleux, à bordures sépalaires saillantes. Fleurs à sépales ovés-oblongs, longs de 10-12 mm, à marges épaissies, intérieurement couverts de minuscules poils étoilés. Pétales blancs, obovés-oblongs, un peu plus courts que les sépales, extérieurement garnis de poils écailleux, intérieurement glabres sauf sur le pourtour hirsute du nectaire basal. Androgynophore de 1 mm env., à plateau staminifère hirsute. Étamines de moins de 5 mm, persistant longtemps à la base du fruit. Pistil de 4-5 mm ; style de 1 mm env. ; stigmate à lobes réfléchis et bords festonnés ; 1 seule loge, présentant 2 placentas pariétaux intrusifs multi-ovulés.

Capsule aplatie latéralement, de 1,8 × 3 cm, pourvue de 2 ailes (parfois 3 d'après H. MACKEE) larges de 2-5 mm à mi-hauteur du fruit, à sommet émarginé et apiculé, verte puis brune, à surface débarrassée de la longue pilosité ovarienne, mais conservant de minuscules poils écailleux ; ouverture jusqu'aux 2/3 en 2(3) valves. Graines 120 env., longues de 1,5 mm env. avec un funicule de 0,5-0,8 mm, bordées de cils de 2 mm. – Pl. **21** ; carte p. 134.

TYPE : *Wilson 967,* Aneityum (holo- P! ; iso- K, SING)

T. inmac n'est représenté, en Nouvelle-Calédonie, que par une population d'une douzaine d'individus dans la forêt mésophile du nord-est. Par contre, cet arbre est relativement fréquent au Vanuatu, mais dans des milieux assez perturbés, ce qui, d'après H. MACKEE, constituerait un argument en faveur d'une origine néocalédonienne de l'espèce.

MATÉRIEL ÉTUDIÉ :

Jérémie & Tirel 1753, Touho, Vallée du Ponandou, 100-150 m, 27.1.1987 (vieux fr.).
MacKee 36359, ibid., 2.1.1979 (fr.).

ESPÈCES CULTIVÉES

Muntingia calabura L., Sp. Pl. : 509 (1953).

Communément appelé « Cerisier de Panama », cet arbuste d'origine américaine, à feuilles distiques et duveteuses, à fleurs blanches et fruits rouges, est planté dans quelques parcs.

Rangé par DE CANDOLLE (Prodr. **1** : 514, 1824) dans les Tiliacées, la place de ce genre monotypique reste contestée. En effet, le tissu parenchymateux de *Muntingia* est dépourvu de cellules ou cavités à mucilage qui caractérisent la famille (le mucilage ne se trouve, dans *Muntingia*, qu'à l'intérieur des fruits et provient du testa des innombrables graines). De ce fait, certains auteurs après BURRET (Notizbl. Bot. Gart. Berlin **9** : 868, 1926) ont considéré *Muntingia* comme une Éléocarpacée. Plusieurs caractères, soulignés par COODE (Brunonia **1** : 134, 1978) s'opposent à ce déplacement : la pubescence étoilée, les anthères médifixes, le style massif. CRONQUIST en 1981 (Integr. Syst. Class. Fl. Pl. : 349) considérant le mode de déhiscence des anthères et surtout la placentation intrusive bien particulière (5 doubles lames placentaires partant du sommet de chacune des loges ovariennes, couvertes de minuscules ovules) a rapproché *Muntingia* de *Prockia* et *Macrohasseltia*, et a suggéré son transfert dans la famille des Flacourtiacées. LEMKE, en 1984 (Amer. J. Bot. **71** : 176), suite à des travaux anatomiques, a rejeté cette proposition.

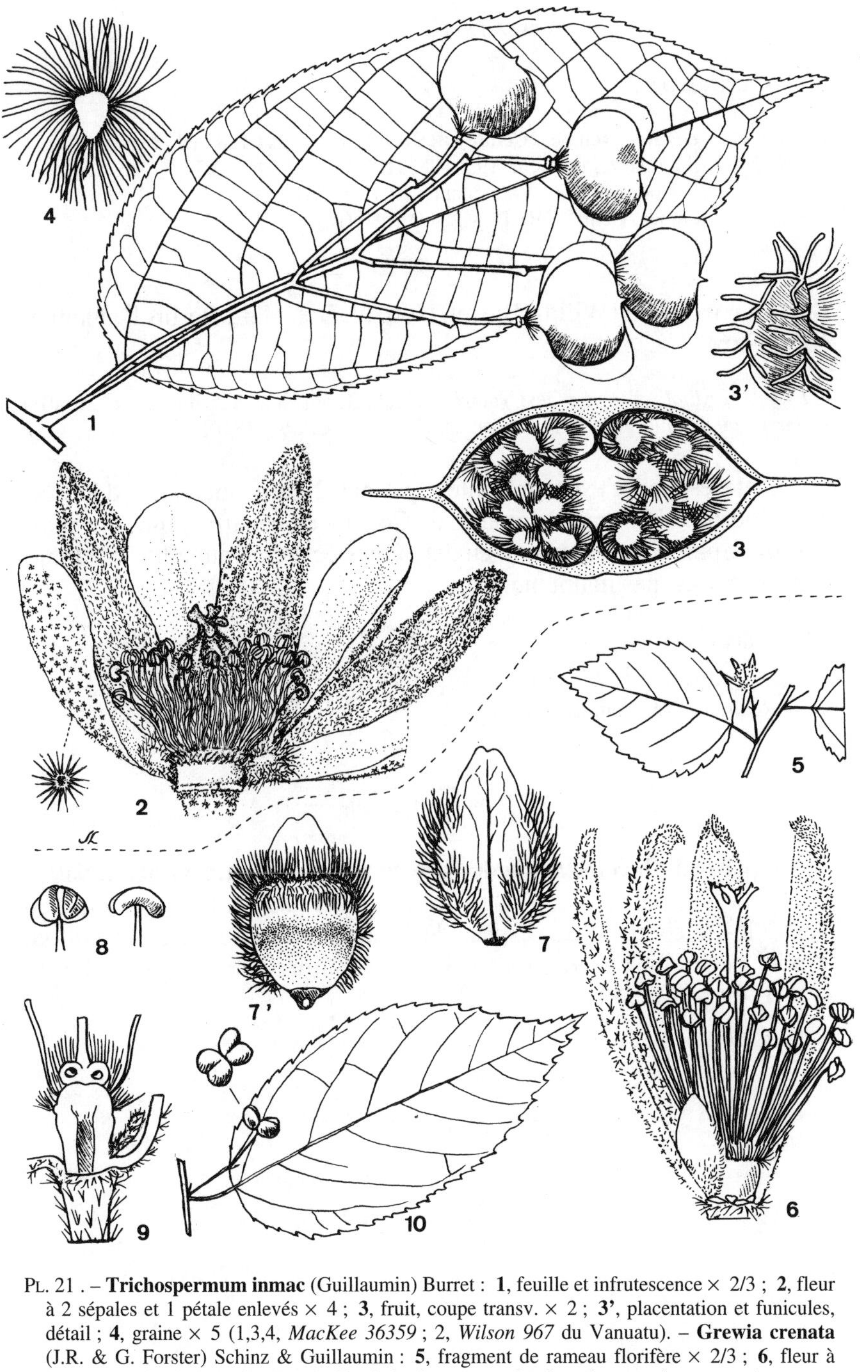

PL. 21 . – **Trichospermum inmac** (Guillaumin) Burret : **1**, feuille et infrutescence × 2/3 ; **2**, fleur à 2 sépales et 1 pétale enlevés × 4 ; **3**, fruit, coupe transv. × 2 ; **3'**, placentation et funicules, détail ; **4**, graine × 5 (1,3,4, *MacKee 36359* ; 2, *Wilson 967* du Vanuatu). – **Grewia crenata** (J.R. & G. Forster) Schinz & Guillaumin : **5**, fragment de rameau florifère × 2/3 ; **6**, fleur à 2 sépales et 2 pétales enlevés × 4 ; **7**, pétale, face ext. × 8 ; **9**, androgynophore et ovaire, coupe longit. × 5 ; **10**, feuille et infrutescence × 2/3 (5-9, *Virot 1529 ;* 10, *Vieillard 158*).

MATÉRIEL ÉTUDIÉ :

Jérémie & Tirel 1809, Nouméa, Centre ORSTOM, planté, 2.2.1987 (fl., fr.)
Lauri 75, Port Laguerre, Pépinière, 19.2.1983 (fl.).
MacKee 16067, Nouméa, Anse Vata, planté, 13.12.1966 (fl., fr.).
Suprin 550, Nouméa, Centre ORSTOM, 24.2.1980 (fr.).

Berrya cordifolia (Willd.) Burret, Notizbl. Bot. Gart. Berlin-Dahlem **9** : 606 (1926).

– *Espera cordifolia* WILLD., Ges. Naturf. Freunde Berlin Neue Schriften **3** : 449 (1801).
– *Berrya ammomilla* ROXB., Pl. Coromandel **3** : 60, *tab. 264* (1820).

Cette espèce n'est représentée que par 2 parts anciennes déposées dans l'herbier de Paris. Originaire de Ceylan, ce bel arbre, qui fournit un bois très apprécié, a été planté au début du siècle en Nouvelle-Calédonie, mais ne s'y est pas maintenu.

MATÉRIEL ÉTUDIÉ :

Le Rat 798, s.loc.
Herb. Rotereau 846, Nouméa, planté.

ESPÈCE EXCLUE

A partir d'un échantillon de PANCHER mal étiquetté, GUILLAUMIN a, par erreur, signalé sous le nom de *Berrya vescoana* Baill., la présence en Nouvelle-Calédonie d'une espèce de Tahiti aujourd'hui disparue et dont le nom correct est *Christiana vescoana* (Baill.) Kubitzki, Bot. Jahrb. Syst. **116** : 541 (1995).

INDEX DES TAXONS TRAITÉS

Les *synonymes* sont en italique.
Les chiffres en gras indiquent les pages des **illustrations**

ALSEUOSMIACEAE

CELASTRACEAE

LORANTHACEAE

PARACRYPHIACEAE

TILIACEAE

VISCACEAE

ACHEVÉ D'IMPRIMER LE 25 OCTOBRE 1996
SUR LES PRESSES DE L'IMPRIMERIE ALENÇONNAISE
61002 ALENÇON

Dépôt légal : 4e trimestre 1996 – 36993